课里课外新阅读

极具魅力的生物故事

Shengwu Gushi

田 竞◎编

吉林出版集团股份有限公司

图书在版编目（CIP）数据

极具魅力的生物故事 / 田竞编. 一长春 ：吉林出版集团股份有限公司，2012.6（2021.6 重印）
（课里课外新阅读）
ISBN 978-7-5463-8074-2

Ⅰ. ①极… Ⅱ. ①田… Ⅲ. ①生物一青年读物②生物一少年读物 Ⅳ. ①Q-49

中国版本图书馆 CIP 数据核字（2012）第 091855 号

课里课外新阅读

极具魅力的生物故事

Jiju Meili de Shengwu Gushi

出版策划：孙 祖
选题策划：郝秋月
责任编辑：王 媛 于嫒嫒
装帧设计：李 婷
图文编排：胡颖颖 高 云
出 版：吉林出版集团股份有限公司
（长春市福祉大路 5788 号，邮政编码：130118）
发 行：吉林出版集团译文图书经营有限公司
（http://shop34896900.taobao.com）
电 话：总编办 0431-81629909 营销部 0431-81629881
印 刷：三河市燕春印务有限公司
开 本：787mm × 1092mm 1/16
印 张：10.25
字 数：160 千字
版 次：2012 年 6 月第 1 版
印 次：2021 年 6 月第 5 次印刷
书 号：ISBN 978-7-5463-8074-2
定 价：38.00 元

前言

FOREWORD

对于地球来说，生物是大自然给予她最珍贵的礼品。生物在世界中千姿百态，多种多样。我们的地球，因为有了生物的存在而变得生机盎然；我们的生活，因为有了生物的陪伴而变得丰富多彩。

人类是这个地球最高等的生物，人类对于自身的探寻从来都没有停止过。1859年，达尔文在他撰写的《物种起源》里阐述了进化论。他首次向人类勾画出生命由简单到复杂、由低级向高级发展的图式，为生命科学的研究和发展奠定了科学基础。今天，我们对外部世界的认识已经达到一个全新高度，但是面对自身，我们仍有很多未解开的谜团。

本书讲述了大自然中生物的故事，其语言生动，内容丰富，会让青少年读者在学习生物知识的同时，更能感受到科学家们科学的思维方法和坚忍不拔的意志。

目录
CONTENTS

第四章 微生物

第五章 人体奥秘

附录 大事年表

第一章 *Di-yi Zhang*

生物概述

Shengwu Gaishu

美丽的地球是包括人类在内的所有生物共同的家园，动植物在大自然的怀抱里孕育成长，人类也享受着大自然的各种恩赐。在某种程度上可以说大自然是我们所有人的母亲，每一个人都应该爱自己的母亲，保护她是我们应尽的责任。

丰富多彩 世间万物

在美丽的地球上，生活着千姿百态的生物，它们拥有各种各样的嗜好，千奇百怪的习性，巧妙神奇的本领，它们以各自独特的方式适应着周围的世界。它们各自的生物特征，也使世界变得多姿多彩。

传说中的凤凰

在中国古代神话传说中，我们常常能见到龙、凤凰、麒麟这些在现实生活中并不存在的生物。在早期，古人对大多自然现象无法作出合理解释，于是便希望自己民族的图腾具有风雨雷电那样的力量、群山大海那样的雄姿，像鱼一样能在水中游弋，像鸟一样可以在天空飞翔。因此许多动物的特点都集中在龙身上，龙渐渐成了骆头、蛇颈、鹿角、龟眼、鱼鳞、虎掌、鹰爪、牛耳的样子。

古埃及神话中名气最大的莫过于狮身人面的斯芬克斯了。它是一种非常聪明的动物，喜欢猜谜语和字谜。在波斯的神话里，斯芬克斯是一个长有翅膀的公牛，长着人面，络腮胡子，戴有皇冠。

在古埃及神话中，斯芬克斯是一种长有翅膀的狮身人面怪兽。

从这些神话中不难看出，人们总是会将各种不同的生物特点加以想象，创造出一个能够高度集中各类生物特征的表象。从这些神话生物的身上，我们可以看见在现实生活中任何一种动

物的独一无二的特征。

在这个星球上，各种生物有着千姿百态的形状：奔跑的动物具有矫健的四肢；空中飞翔的鸟儿具有轻捷的翅膀；水中游弋的鱼儿具有流线型的身体和操纵自如的尾鳍。这些都能代表各种生物自己独有的特征。我们通过了解这些特征，能够更好地保护其中珍贵的生物物种，从而使我们这个大家庭更加绚丽多姿。

生物的分类

生物也是分层次的。如果我们深入到生物的最微观的层次去看一看，就会发现生物体同周围的一切物质一样，都是由原子构成的。从更高的一个层次上看，就会发现生物是处于由原子构成的分子世界中。这里是化学家的王国，已接近生命的层次了。再高一个层次就是细胞了，这正是生物所特有的。细胞是呈现生物一切基本特征的最小单位，也是生物的建筑材料。细胞上面的层次是组织，它是不同细胞的集合体，共同行使着一种特定的功能。例如，哺乳动物有肌肉组织和皮肤组织等。在组织上面还有完整的器官，如人的心脏、肝脏、胃等。

植物、动物和微生物共同构成了生物界，它们各自以自身的方式在地球上繁衍和生长。地球上几十亿年的生物进化历史，造就了今天美妙的生物世界，也成为我们人类赖以生存的基石。在生物的各个层次上，总有许许多多的问题等待着人们去探索和解答。

学海拾贝

生物群落通常分为陆生生物群落和水生生物群落。陆生生物群落包括热带雨林、荒漠和半荒漠等；水生生物群落包括流水群落和静水群落，这两类群落又包括了湖泊、海洋、河流等群落。

从海洋中走来 生命的起源

关于生命起源的问题，很早就有各种不同的解释。近几十年来，人们根据现代自然科学的新成就，对生命起源的问题进行了综合研究，取得了很大的进展。科学家推测，地球上的生命诞生于海洋中。

5.7 亿年前（前寒武纪），高级藻类植物开始繁盛。

5.7 亿年前～5.1 亿年前（寒武纪），海洋动物开始出现，许多硬壳类动物成了今天的化石。

5.1 亿年前～4.09 亿年前（奥陶纪和志留纪），是海洋生物的繁盛时期，早期的鱼类出现，陆生植物和陆生节肢动物也出现了。

4.09 亿年前～3.63 亿年前（泥盆纪），各大陆开始移动，昆虫和两栖动物出现。

千姿百态的动物世界带给了地球这个行星无限的生机。这些动物是如何产生的？这个问题就好像谜一样困扰着人类，早期的人类有着各种各样的猜想。

有一种说法认为是上帝创造了世间万物。说法中阐述道：在大约 6 000 多年前，上帝创造了一个男人和一个女人，分别叫做亚当和夏娃，之后才创造出了其他的生物。在埃及神话中，是神的呼唤惊醒了人类。早在人类出世之前，就有一个全能的神存在，是他的一声声呼唤创造了世间万物。这些终究都是神话故事，是没有任何科学依据的。

另有一种说法认为，生命是在地球的发展过程中由非生命物质转化而来的。当然是需要经过一定的历史时期，也需要具备一定的条件才可以。古时候有“腐草化萤”“汗液生虱”的说法，这种说法就是认为非生命物质可以直接转化为生物。但这些也都是没有科学依据的说法，只是把现象当作本质的结果。生命物质的产生，不是非生命物质骤然间作用的结果，而是需要一个相当长的历史过程。

但这些说法都不足以服人，人们需要的是一个科学的解释，而不仅仅是众多的猜测。1952 年，美国化学家米勒做了著名的米勒试验，为地球上生命的起源提供了可靠的科学依据。他制备了和原始大气相似的混合物，将甲烷、氨气、水蒸气、氢气等混合放入一个消过毒的真空玻璃仪器里。之后，模仿原始地球闪电并连续进行放电。就这样，在八天之后，终于得到了一些大分子：甘氨酸、丙氨酸和少量的天冬氨酸和谷氨酸等重要氨基酸，它们都是构成蛋白质的重要物质。著名的“米勒试验”验证了无机物是在一定条件下是可以转化成有机物的。

有机物是生命体的主要组成物质，一切有机物都是由无机元素碳和氧、氢、氮等元素构成的化合物。地球的原始大气中还有大量的碳、氢、氧、硫等元素。当时，地表温度很高，这些元素经过漫长的过程化合成了简单的有机物。这些有机物汇合到了原始海洋，强烈的太阳辐射带来大量的紫外线和其他宇宙射线，海洋中的有机物分子变得越来越复杂。直到最后，这些有机分子进一步合成，变成生物单体，如氨基酸、糖和核苷酸等。这些生物单体进一步聚合作用形成蛋白质、多糖、核酸等，这一段过程叫做化学演化。蛋白质出现后，最简单的生命也随着诞生了。因此，在距今大约 36 亿多年前时，在地球的海洋中出现了最原始的生命。

学海拾贝

生命与非生命物质的最基本区别是：第一个区别是生命物质能够新陈代谢；第二个区别是生命物质能繁殖后代；第三个区别是生命物质有遗传的能力。

3.63 亿年前～2.5 亿年前（石炭纪和二叠纪），爬行动物和昆虫生活在森林中。

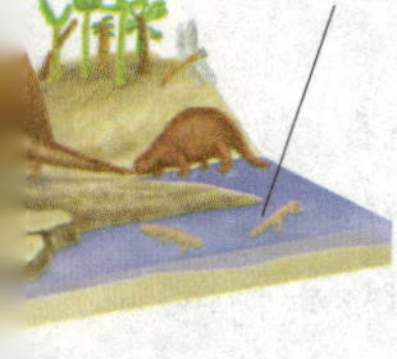

2.5 亿年前～1.46 亿年前（三叠纪和侏罗纪），哺乳动物、鸟类出现了。

6 500 万年前～164 万年前（第三纪），哺乳动物和鸟类取代了灭绝的恐龙和其他大型爬行类动物。

1.46 亿年前～6 500 万年前（白垩纪），这一时期是爬行动物的天下，被子植物开始出现。

大约 164 万年前，人类开始进化。

漫长的历史 生物的进化

据科学家研究，现在生活在地球上的生物有300多万种，但曾在地球出现过而最终灭绝了的生物则远超此数。因此，生物是经过不断进化、繁衍才形成今天这千姿百态、繁花似锦的生物界。

自然界的动物不是本来就有的，它们的发展经历了一个从无到有、从少到多、从简单到复杂、从低级到高级的复杂过程，生物学上把这种漫长的发展变化叫做“进化”。动物的进化是由自然环境的变化引起的，这个过程不是一帆风顺的，而是曲折和渐进的。

在近代科学诞生之前，“神创论”和“物种不变论”一直为当时的人们所普遍认同。瑞典植物学家林耐就认为物种是上帝所创造的，并且不可改变。1859年，英国著名生物学家达尔文在他的巨著《物种起源》中首开先河提出了进化论的观点：数百万年来，动植物都处于不断地发展变化中，大自然优胜劣汰，适者生存。而后，又有科学家对达尔文的理论做了研究和深化。他们认为，地球上的生物在最初的时候都是一个共同的祖先。在不断的进化过程中，各个物种才发生了分枝。这些物种也按照“优胜劣汰、适者生存”的法则在不断地向前发展。

↑达尔文

无细胞结构的最原始生物诞生在原始海洋中。它们的诞生主要归功于原始的地球环境中。慢慢地，细胞结构形成，原核生物进化成为了真核单细胞生物。第一个有生命的细胞，大约是在36亿年前诞生的。从这时起，生物开始出现了分化，向真菌界、植物界和动物界分化。就动物界来说，原始鞭毛虫向多细胞动物进化，之后又出现了脊索动物，进而演化出高等脊索动物——脊椎动物。随着时间的发展，各个脊椎动物所处的环境不同，它们中又开始了新的分化。鱼类、两栖类、爬行类……原始生物就这样一步步地向今天走进。此后，更高级的哺乳动物和鸟类出现了。其中，哺乳动物一直向更加高级的阶段进步，逐渐发展成具有高等智慧的生物，也就是人。

↑吃树叶的长颈鹿

动物的进化是一个从水生到陆生、从简单到复杂、从低等到高等的过程，整体呈现出一个进步性的发展趋势。这个进化主要有两个方式：一个是渐进式的，这是一个长期缓慢的演变过程；另一个是爆发式的，这种形式在动物进化的过程中不常见，但在植物的进化中则常常会出现。其实在这两个进化的过程中，并不是每一次分化都是进步的，也不是每一个分化出的新物种都得到了良好的发展。达尔文就此也提出了“适者生存，优胜劣汰”的观点。这个观点也就是说，只有那些能适应环境的物种才能在自然界中生存下来。如长颈鹿那长长的脖子就是在漫长的进化过程中逐渐形成的，因为长脖子能帮助它们获得更多高处的食物。

总的说来，生物的进化并不是一帆风顺的，这是一个曲折的复杂的过程。

学海拾贝

在中生代末期，极度繁荣的恐龙时代突然灭绝；海洋中的许多无脊椎动物如海蕾、菊石等也遭到淘汰。从6500万年前到今天，在生物的发展史上称做新生代。此时，被子植物取代裸子植物成为植物界的霸主；鸟类和哺乳类动物获得巨大发展；在新生代末期，人类登上历史舞台。

各种生存环境 生物的家

生物的生存需要适宜的环境。在浩瀚的宇宙中，只有那些具备了生存条件的星球才可能出现生物，如适宜的温度、大气，液态的淡水等。生物和环境是互相影响、互相渗透、互相转化而又不可分割的统一体。

鱼儿离不开水，花儿离不开土壤和阳光，人类离不开新鲜的空气、洁净的淡水和充足的食物。脱离了环境的生物是不可想象的。然而，如果没有生物，环境也就失去了它的意义。土壤的概念总是包括生活在土壤里的大量生物的活动。据统计，一小勺土壤里就含有亿万个细菌；50 克森林腐殖土中所包含的霉菌，如果一个挨一个排列起来，长度可达 11 千米。如果排除这些生物的积极活动，土壤也就不复存在了。

只有在合适的生存环境中，幼苗才能茁壮成长。

可以说，土壤的形成是和生物的活动密不可分的。当火山喷射出炽热的熔岩流时，当奔腾的流水在光秃秃的地球表面甚至是最坚硬的花岗岩上侵蚀时，当年复一年的酷暑严寒使岩石渐渐破碎和瓦解时，原始的成土物质就开始聚集了起来。此后，生物也就开始了它奇迹般的创造，一点一点地使这些无生物的物质微粒变成有结构的土壤。生物创造了土壤，而丰富多彩的生物又生活在土壤之中，这就是生物和非生物之间奇异的相互作用。

地球上的生物是如此适应它们的生存环境，从生活在两极冰雪世界中的北极熊和企鹅，到翱翔在喜马拉雅山群峰之巅的神鹰；从赤道丛林中的莽莽众生，到数千米以下海洋底层的深海细菌；从森林草原中无数喧闹的鸟兽昆虫，到飘浮在万米高空的生物微尘，生物几乎充溢在地球的每一个角落。

加拉帕戈斯群岛上的燕雀

当初，达尔文在东太平洋的加拉帕戈斯群岛考察了一个多月，采集了大批动植物标本。经过精心研究，他发现岛上的生物与南美洲的既相似又不同。达尔文还特别注意到岛上一群极为相似的燕雀，大约可被划分为14个不同的种类。在邻近的大陆上却没有这种燕雀，在世界上其他地方也没有它们的踪迹。但是造物主为什么会在这个小小的群岛上创造着14种不同但又相似的物种呢？达尔文发现，邻近大陆上的燕雀同岛上居住的燕雀有相似之处，它们在很久以前也一定在岛上居住过，那时，它们是同一种燕雀，这第一批燕雀的后代逐渐进化为不同类型的燕雀。有些变得只吃某一种种子，有些则吃另一种种子，还有的只吃昆虫。然而，究竟是什么控制着它们变异呢？

加拉帕戈斯群岛上最早的燕雀，在开始时一定未受抑制地繁衍滋生，导致它们赖以生存的食物难以供应。一些弱小的或不善于觅食的就先饿死了；那些能够改食较大的种子或改食昆虫的燕雀，境遇就会改善。达尔文进而认识到：自然界就是这样选择某一群而淘汰另一群生物的，通过这种自然选择，生命就会扩增出无限的品种，在各个特定的小生态环境中，适者取代劣者。

这些生物不仅彼此之间互相联系、互相影响，而且也和人类、和整个地球的非生物环境密切结合在一起，构成一个统一的生态系统。

学海拾贝

科学家还发现，在加拉帕戈斯群岛的海岸上，栖息着一种爬行动物——海鬣蜥，它们体长从25厘米~60厘米不等。海鬣蜥的爪子长而尖，而尾巴的长度几乎等于躯干的两倍。海鬣蜥在游泳时它那长长的尾巴能够提供足够的动力。

大自然的法则 生态平衡

在自然界中，无论是森林、草原，还是湖泊、田野，它们都由动物、植物、微生物和光、水、土壤、空气、温度等部分组成。每一个部分都是相互联系、相互制约的，从而达到一个相对稳定的平衡状态，称为生态平衡。

生态系统是由生产者、消费者和分解者三大功能类群以及非生物成分所组成的一个功能系统。一方面，生产者通过光合作用不断地把太阳辐射能和无机物质转化为有机物质；另一方面，消费者又通过摄食、同化和呼吸把一部分有机物质消耗掉（一切生物都要通过呼吸消耗有机物质），而分解者把动植物死后的残体分解和转化为无机物质，归还给环境生产者重新利用。

在自然条件下，生态系统总是朝着种类多样化、结构复杂化和功能完善化的方向发展，直到使生态系统达到成熟的最稳定阶段为止。我们通常所说的生态平衡，就是指生态系统的这一最稳定阶段。

在美国科罗拉多大峡谷的凯巴伯大草原上有很多鹿，这里虽然水草肥美，可是鹿的数量却总是在 4 000 只左右。人们发现由于草原上还生活着鹿的天敌——狼和山狮，使得鹿的数量无法增加。当时的美国总统西奥多·罗斯福为了能有效保护这些鹿，就将凯巴伯大草原设立为全国狩猎保护区，从

动物之间，弱肉强食，这也是维持生态平衡的保证。

20 世纪初期开始对狼和山狮进行了大量捕杀。经过 20 多年的猎捕，先后有 6 000 多只狼死于猎人的枪口下，山狮的数量也迅速减少。

科罗拉多大峡谷

于是，鹿的数量一年一年地增加，在 1924 年达到了 10 万只。于是这些鹿没有了天敌，在草原上大肆地进食，绿色的草原渐渐变成了枯黄的沙漠……灾难最后终于降临到鹿的头上了：在随后的两个冬季里，鹿的数量急剧减少，有 6 万只鹿因为缺少食物而饿死。此后，鹿的数量还在继续减少，到 20 世纪 40 年代，只剩下 1 万只左右。这时，人们才恍然大悟，鹿虽然少了，但草仍然不够吃，因为 20 年代鹿的迅速增长给草原的植被带来了毁灭性的破坏，很多地方再也长不出草来，即使过了很多年，这片草原都没有恢复原样。

在草原生态系统中，鹿吃草，狼吃鹿，狼死了以后，经过微生物的分解，它的尸体又变成肥料，被草吸收。这样，构成一个食物链。以前，草原上长多少草，这些草又养活着多少鹿，这些鹿又养活着多少狼，都有一定的范围，并保持着相对稳定和平衡。但是，狼被消灭以后，平衡被打破了，以致整个草原都发生了巨大的变化。而这种变化一旦发生，就会出现连锁反应，在短时间内是无法恢复的。

当生态系统达到最稳定状态的时候，它能够自动调节并维持自己的正常功能，还能在很大程度上克服和消除外来的干扰，保持自身的稳定性。如果人类总是破坏这种生态平衡，最终会导致生态危机的发生，那么全球性的生态灾难迟早会降临。

学海拾贝

美国的科罗拉多大峡谷是世界上最壮丽的峡谷之一，它位于美国西部。最令人称奇的是大峡谷的岩石在阳光的照耀下会变幻着不同的颜色，令大峡谷宛若仙境、七彩缤纷，吸引了全世界无数旅游者的目光。

生态平衡的纽带 食物链

在生态系统内，各种生物之间由于食物而形成的一种联系，叫做食物链。食物链是自然界中食物供求的关系链，是自然界生态平衡的重要纽带。食物链的概念最早是由英国学者查理·埃尔顿提出的。

地球上的所有生物为了维持基本的生存需要，都必须从外界摄取能量和营养，乙种食物吃甲种食物，丙种食物吃乙种食物，丁种食物又吃丙种食物等，这是一连串食与被食的关系，以这种能量和营养的联系而形成的各种生物之间的链索称为食物链。首先是绿色植物（包括藻类）在阳光下进行光合作用，制造出有机物，储存于体内。绿色植物为食草动物所食，食草动物又被食肉动物所食，逐级传递能量和营养，构成食物链。食物链上的每一个层次都成为一个彼此交错的食物网。

埃尔顿在 1927 年首先使用了“食物链”这个名称，据说他当时是受到中国的一句谚语的启发。由植物开始，经过不同的食物类型彼此间发生联系，因而在群体内甲吃乙、乙吃丙，形成连锁关系。他认为一般食物链只有 5 个~6 个营养级，而斯洛博金在 1961 年提出食物链最多不超过 7 个营养级。

↑螳螂捕蝉。

在非洲大草原上，以狮子、猎豹和鬣狗为代表的食肉动物专吃角马和斑马等为代表的食草动物，它们对角马和斑马的猎杀是凶残的，但这种残酷的捕杀既是食肉动物生存繁衍的需要，同时也是保持草原植物繁茂和生态平衡所必不可少的因素。如果没有食肉动物对食草动物的控制，那么食草动物就会迅速发展起来。当食草动物发展到一定数量时，草原就会变得难以承受，最后导致草原退化，食草动物也就失去生存和发展的条件。食肉动物对食草动物的捕杀，不仅能控制食草动物种群的数量，同时从某种意义上说也能提高食草动物的质量。

当然，自然界中实际存在的取食关系要复杂得多。例如，小鸟不仅吃昆虫，也吃野果；野兔不仅被狐狸捕食，也被其他食肉动物捕食。因此，许多食物链经常互相交叉，形成一张无形的网络，把许多生物包括在内，这种复杂的捕食关系就是食物网。

一般食物网越复杂，生态系统就越稳定。因为食物网中某个环节（物种）缺失时，其他相应环节能起补偿作用；相反，食物网越简单，则生态系统就越不稳定。例如，某个生态系统中只有一条食物链：草→鹿→狼。如果狼被消灭掉，没有天敌的鹿则会大量繁殖，超过草的承载力，那么草地遭到了破坏，鹿群也会被饿死，整个生态系统也会被破坏。

生态系统中一般存在着两种食物链：捕食食物链和碎屑食物链。前者以活的动植物为起点，后者以死的生物或腐屑为起点。在陆地生态系统和许多水生生态系统中，能量流动主要通过碎屑食物链，净初级生产量中只有很少一部分通向捕食食物链。只有在某些水生生态系统中，例如在一些由浮游藻类和滤食性原生动物组成食物链的湖泊中，捕食食物链才成为能量流动的主要渠道。

学海拾贝

环境污染对食物链有严重的影响。比如说湖水中含有1份DDT，则浮游生物中含有265倍、小鱼中含有500倍、食肉鱼中含有8.5万倍，人吃了这种鱼类，则摄入大于湖水几百万倍的DDT，因而加重了毒性。

大鱼吃小鱼，小鱼吃虾米，虾米啃泥底。

异彩纷呈 生物多样性

生物多样性指的是地球上生物圈中所有的生物，即动物、植物、微生物以及它们所拥有的基因和生存环境。正是这些千姿百态的生物成为人类科学发明和艺术创造的源泉，从而铸就了人类文化的多样性。

生物多样性是地球上40亿年来生物进化的结果，是生物及其与环境形成的复合体以及与此相关的各种生态过程的总和。它包括数以万计的动物、植物、微生物和它们所拥有的基因，是生命系统的基本特征。

早在46亿年前，地球刚刚诞生时，还没有生命存在。随后原始的生命出现了，历经20亿年的时间，才从简单的单细胞生物进化成一些更复杂的生命。这一点一滴的变化都是生命的重大突破。能够依靠光合作用、吸收二氧化碳、放出氧气的生物，花费了如此漫长的时间，才让地球大气中充满氧气，为多细胞后生动物的演化发展创造了条件。

生物第一次从海洋爬上陆地后，就不断地开发新的栖息地，直到布满地球上的每一个角落。例如在严寒的南极，也有自在生活的藻类和真菌；珠穆朗玛峰海拔6 000米以上的地方仍然有生命存在。

↓蓝鲸

现如今生物也是多种多样的。例如世界上最大的动物蓝鲸，身长达 30 米，体重达 150 吨。蓝鲸是无法在陆地上生活的，它会被自己的体重压垮。世界上最小的生命要数病毒，必须用电子显微镜才能看到它。有些鸟可以在空中、水里、陆地穿行无阻，但有些鸟却一辈子也离不开陆地。有些动物生性孤僻，离群索居；有些却成群结队，分工明确，依靠集体生活。

正是这些特征各异的生物，构成了我们现在这个绚丽多彩的世界。而人类是最具有广泛的多样性的物种，可是，快速发展的人类社会渐渐对其他物种构成了巨大的威胁。很多生物已经灭绝或濒临灭绝，生物的多样性也遭到了破坏。

生物多样性对人类生存和发展的价值是巨大的。生物提供给人类所有的食物和许多诸如木材、纤维、油料、橡胶等重要的工业产品。中医药绝大部分也来自生物，它是维持人们健康的重要组成部分。人类生存与发展，归根结底，依赖于自然界各种各样的生物。生物多样性是人类赖以生存的各种生命资源的汇集和未来农林业、医药业发展的基础，为人类提供了食物、能源、材料等基本需求。

生物多样性的生态功能价值也是巨大的，它在自然界中维系能量的流动、净化环境、改良土壤、涵养水源及调节小气候等多方面发挥着重要的作用。丰富多彩的生物与它们的物理环境共同构成了人类所赖以生存的生物支撑系统，为全人类带来了难以估价的利益。生物多样性的存在，使得人类有可能多方面、多层次地持续利用，为人类的生存环境提供保障。如果丧失生物多样性必然会引来人类生存与发展的根本危机。

↑橡胶树是人类生活中不可或缺的重要资源之一。

学海拾贝

自从地球上出现生命以来，生物的进化就开始了。据科学家研究，现在生活在地球上的生物有 300 多万种。

野生动植物的庇护所 自然保护区

自然保护区往往总是和风景秀丽的湖光山色、生机勃勃的野生动植物联系在一起。它们在进行科学研究、自然保护、生态旅游等方面有着非常重要的作用，被喻为自然资源中的瑰丽宝石。

自然保护区往往是一些珍贵和稀有的动、植物种群的集中分布区，候鸟繁殖、越冬或迁徙的停歇地，以及某些饲养动物和栽培植物野生近缘种的集中产地，具有典型性或特殊性的生态系统。

在美国中西部的怀俄明州的西北角，有着世界上第一座国家公园——黄石公园。这座美丽的公园以众多的温泉和间歇泉名闻世界。在这里，有时可以看到热气腾腾的蒸汽从喷孔中冒出，炽热的水柱因巨大的蒸汽压力喷向空中，发出轰鸣声响。黄石公园的建立开启了人类近代历史上建立保护区的第一步，此后一种全新的环保理念出现了。

一万多年前，黄石公园本是印第安人的狩猎区。1806 年，第一位到这里探险的白人约翰·寇特所做的报道，很快就吸引了一批批的狩猎者和探矿者。1807 年，路易斯和克拉克探险队对这里进行了一次较详细的考察。从此，黄石公园才渐渐呈现在世人面前。

美国黄石国家公园中大名鼎鼎的老忠实泉

1870 年，人类对这里的一次最重大的造访开始了，黄石公园内的奇景——老忠实泉就是在这次探险中被命名的。在这次探险中，一位

名叫兰福德的人心甘情愿地当起了公园首位负责人，他工作了五年却分文未取。另一名法官赫奇斯首先提出了在这里建立一个国家公园的革命性倡议。

黄石国家公园中的翡翠池

第二年，一支国家地质勘探队开始对这个地方进行正式的勘察。勘探队中的多位地质学家在勘察结束后，也发表声明支持赫奇斯的提议。1872 年，美国总统格兰特签字同意在怀俄明州开辟黄石国家公园。不可否认，黄石公园是美国也是全世界第一个国家公园，它是世界上最壮观的国家公园之一，也是人类最早建立的自然保护区。

自然保护区里保存着地球上最完整的生态系统，最丰富的生物物种、生物种群或群落及其赖以生存的自然环境。地球上只有自然保护区是受人类干扰破坏最少的区域，只有自然保护区保存了世界上最原始天然状态。因此，自然保护区为进行各种自然学科的研究提供了最良好最广阔的科学研究场所。

一个国家的自然保护区、自然保护公园的多少和占国土面积的比率，是反映一个国家精神文明、经济繁荣和社会进步的重要标志，也是一个国家综合实力的体现。21 世纪的自然保护区和自然保护公园，将是人类最理想的生存环境。

学海拾贝

黄石公园的地热景观是全世界最著名的，这里有众多色彩斑斓的热水池，由于池壁、池岸长年累月被泉水冲溃进而形成色彩丰富的一幅幅动人的天然彩画，最美丽的一处是牵牛花池。

生命的证据 化石

化石是远古时期死去的古生物的遗骸经过复杂的地质作用而形成的。这些古生物化石是地球历史的见证，是研究生物起源和进化的科学依据；它们也是珍贵的自然遗产，更是地球上曾经出现过的生命的证据。

在漫长的历史岁月里，地球上曾经生活过无数的生物，这些生物死后的遗体，许多都被当时的泥沙掩埋起来。在随后的岁月中，这些生物遗体中的有机质分解殆尽，坚硬的部分如外壳、骨骼、枝叶等与包围在周围的沉积物一起经过石化变成了石头。但是它们原来的形态、结构（甚至一些细微的内部构造）依然保留着；同样，那些生物生存时留下的痕迹也可以这样保留下来。我们把这些石化了的生物遗体、遗迹就称为化石。通过研究化石，科学家可以逐渐认识遥远的过去生物的形态、结构、类别，可以推测出亿万年来生物起源、演化、发展的过程，还可以恢复漫长的不同地质时期地球的生态环境。

↑居维叶

对古生物的研究，贡献最多的人要数法国动物学家居维叶。他根据各大地质年代与生物各发展阶段之间的“间断”现象，提出了“灾变论”。他认为是自然界的全球性大变革，造成了生物类群的大绝灭，这些灭绝的生物沉积在相应的地层中，并变成化石而被保存下来。残存的部分经过发展与传播又形成了以后各个阶段的生物类群，就构成了我们在各个地层看到的情况。他的这一科学假设基本上与现代地质、古生物学的结构论相一致。这些开创性的工作，使他成为比较解剖学和古生物学的创始人。

↑三叶虫化石

在 19 世纪最初的五年里，居维叶认真总结了自己的研究和讲学工作，撰写出版了《比较解剖学教堂》。在这部书中，他提出了使自己的一生都熠熠生辉的重要理论——器官相关规律。居维叶认为，从器官的形成过程看，这种相关性是与生物对环境的适应有密切联系的。据此，人们可以通过对动物体的某个器官结构以及它的功能的研究，推测出其他器官的结构和功能，甚至可以由此了解整个动物体的结构和功能特点。

通过比较研究各种不同的动物骨骼标本，居维叶发现，每个动物的身体结构都是一个整体，它的各个器官在结构和机能上都是相互关联的。假如一种动物的肠胃是可以消化生肉的，牙齿的结构一定适合于咀嚼生肉，感觉器官一定善于发现远处的猎物，四肢一定适宜于追赶猎物……

令人不可思议的是，居维叶能够根据动物的一个器官推断出整个动物的身体形状和结构。有一次，在巴黎近郊处发现了一种哺乳动物的化石。当人们扒开浅层土壤，动物化石的头部刚刚暴露出来而躯干还埋在泥土中时，居维叶就肯定地说："这是一种负鼠，属于有袋类。它的腹部一定有块小的袋骨，用来支撑它的袋子。" 等到全部挖出来一看，果然如此！后来，人们为了纪念居维叶，把这件化石标本命名为 "居维叶负鼠"。

居维叶的特殊才能来源于他对动物标本的大量收集和仔细研究。今天，根据居维叶发现的器官相关规律，生物学家可以轻而易举地把动物化石复原成远古时代的动物形象。

学海拾贝

在化石研究的基础上，古生态学家可以通过研究古生物与古环境的相互关系，了解地质各时期古生物的生活方式、生活条件、生命活动的遗迹、生物及其器官的形态功能、古生物死亡后的埋藏过程等问题。

生物界的重大发现 恐龙

在人类出现以前，恐龙就已经灭绝了，没有人见到过活的恐龙。今天我们所知道的有关恐龙的一切都是从恐龙化石得来的，科学家们就是根据恐龙化石来探索有关恐龙的秘密。

在所有的史前动物中，恐龙无疑是最引人注目的一类。它们在地球上生活了至少1.6亿年，在其生存的整个地质时期，它们几乎主宰了世界，是当之无愧的史前霸主，但人类很久之后才知道恐龙的存在。

19世纪以来，研究岩石中的动物、植物化石并解释它们存在的一门特殊科学已经发展起来，这门介于生物学和地质学之间的学科，被称为古生物学。当时，经过与宗教和迷信的长期斗争，人们对于化石的本质有了较正确的认识，但那时候许多古生物学家还是“业余”的，英格兰的曼特尔就是其中的一个。

曼特尔的主要职业是乡村医生，但他和他的妻子玛丽安都爱好收集化石标本，尤其对脊椎动物化石感兴趣。1822年的一天，玛丽安偶然在路边的碎石堆里发现了几枚形状奇特的牙齿化石，曼特尔看到妻子采集到的化石非常兴奋，可是他认不出那是什么动物的牙齿。

↓恐龙曾经是地球的霸主。

为了探寻牙齿化石的来源，曼特尔把牙齿化石寄到巴黎科学院，请求当时研究古脊椎动物的居维叶帮忙鉴定。居维叶也从未见过

这类化石，他只凭以往的经验再加上自己的猜测，初步断定牙齿化石可能属于一种灭绝了的古老犀牛，而且居维叶认为这些化石的地质年代不会太遥远。

而这样的结论不能够使曼特尔信服，他决心自己钻研出一个令自己信服的答案来。

打定主意后，曼特尔收集了更多的化石，他带着化石标本来到伦敦大英博物馆，借阅资料并利用馆藏的动物标本进行对比，结果未能找到与他发现的牙齿化石类似的标本。在博物馆，曼特尔结识了一位实践经验丰富的青年博物学家斯特契贝雷。他当时正在研究一种生活在中美洲的现代巨型蜥蜴——鬣蜥。曼特尔将自己带来的牙齿化石与博物学家斯特契贝雷收集的鬣蜥的牙齿相对比，他惊奇地发现两者在形态上十分相似，只是比鬣蜥大得多。

普通的鬣蜥只有 1.2 米长，按牙齿的比例类推，曼特尔发现的“大蜥蜴”体长可达 12 米。曼特尔喜出望外，经过思索，他首先肯定，这些牙齿的化石不是哺乳动物，而是属于爬行动物的，并且是一种现在已经灭绝了的巨大的食草爬行动物。曼特尔将这种动物命名为“Iguanodon”（古鬣蜥），翻译成汉语就是“禽龙”。

1825 年，曼特尔在英国皇家学会会刊发表的一篇简报中，报道了关于禽龙化石的发现，这篇文章可以说是第一篇正式发表的关于恐龙的论文。在曼特尔发现禽龙化石之后，恐龙化石又陆续被发现。20 多年后，英国古生物学家欧文为了说明在中生代地层中发现的陆栖的大型爬行动物，首次创造了“Dinosaur”（恐龙）这一名称。

自从恐龙名称问世以来，这个名称已经使用了 150 多年。初期人们发现的恐龙化石个体比较巨大，看上去有点恐怖，因此叫恐龙。其实，恐龙也有小的，有的甚至只有小狗或公鸡那么大，显然不那么恐怖。即便是大型恐龙，也不是个个都凶暴，它们中的大多数是吃植物、性情温顺的恐龙。

始祖鸟化石

学海拾贝

杨钟健是我国恐龙化石研究的奠基人，他一生最大的贡献就是对中国恐龙的研究，因此，他又被称为“中国恐龙之父”。1933 年~1936 年，他与甘颇一起在四川荣县东门外西瓜山上发掘出一只蜥脚类恐龙化石，从而结束了外国人包揽研究中国恐龙的时代。

最重大的科学发现之一 进化论

"进化论"是达尔文于19世纪创立的学说。恩格斯将其列为19世纪自然科学的三大发现之一。这一学说不仅是今天人类认识生物界的基石、生物学的理论核心，而且还大大推动了现代生物学的进展。

1831年12月27日，一艘英国海军所属的皇家勘探船"贝格尔"号扬帆远航了，其主要任务是测绘南美洲东西两岸和附近岛屿的水文地图，完成环球各地精确的计时测量工作。随行考察的年轻科学家，正是后来成为伟大的进化论的奠基人——达尔文。

身负重任的达尔文异常尽职，每到一处他都认真地收集各种资料、写下科学考察日记，途中遇到的种种困难都未曾使他间断工作。

描述"贝格尔"号之旅的水彩画

1835年9月，"贝格尔"号到达加拉帕戈斯群岛。在岛上，达尔文有了很大的收获。他在考察中发现：岛上的植物、动物非常丰富，各种动物的形态、习性却不一样。就是同一种动物，也有差异。这一奇怪的现象引发了达尔文有了深层次的思考。他渐渐意识到，自然界的事实与神学教义似乎是不可调和的。离开加拉帕戈斯群岛时，生物进化的理论已经在他的心中产生了萌芽。

“贝格尔”号的环球考察历时五年，于 1836 年 10 月结束。回国后，达尔文始终被生物为什么会发生变化这个问题困扰着，他决心揭开这个谜。

从此，他搜集动物、植物在家养条件和自然条件下发生变化的一切事实，诸如鸽子、金鱼、猫、狗、牛、鸡等动物及牡丹、菊花等各种观赏花和植物。他还印发了大量的调查表，拜访了许多植物育种家和动物饲养家，听取他们培养良种的经验。经过 15 个月的系统调查和研究，他整理出了第一本关于物种变化的笔记，记录下了他对家养和自然条件下动、植物变异的观察和分析。

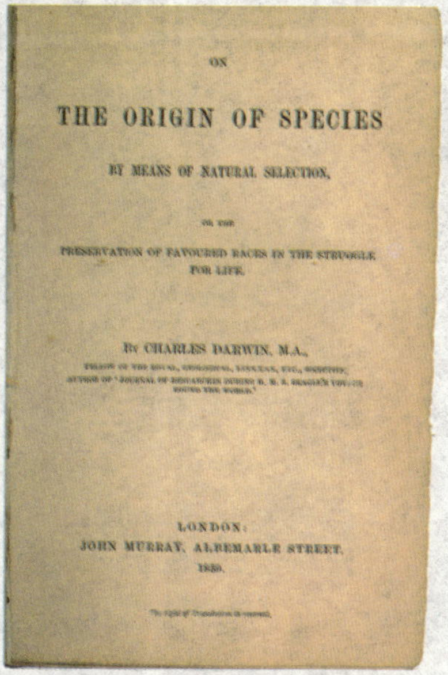

↑《物种起源》书影

1838 年，受英国经济学家马尔萨斯《人口论原理》的启发，他将马尔萨斯关于人类社会存在生存斗争的理论推及自然界，得出自然界也存在着生存斗争的理论。他认为，生物必须和生存环境作斗争，生物之间也为了争夺生存空间、阳光和营养而发生斗争。在生存斗争中，能够适应环境的物种就生存下来，不适应环境的物种就被淘汰。他将自己的理论总结为：生物适者生存，不适者被淘汰，这叫自然选择。

1859 年 11 月，达尔文的生物进化巨著《物种起源》正式出版。达尔文用大量篇幅说明生存斗争和自然选择的理论，并从地质学的角度讲述了化石和物种的地理分布，为自己的理论提供有力的证据。

这部著作的问世有着划时代的意义，推翻了神创论和物种不变的理论，标志着进化论的正式确立。

学海拾贝

《物种起源》自 1859 年在英国伦敦出版以来，受到众多市民的热烈欢迎，被争相购买。这本书的第一版的 1250 册在出版之日就全部售罄。它以全新的进化思想推翻了神创论和物种不变论，把生物学建立在科学的基础之上。

第二章 *Di-er Zhang*

植物 *Zhiwu*

植物界是一个庞大而复杂的家族，其中既有单细胞的菌类植物，又有高不盈尺的路旁小草，还有苍劲挺拔的参天大树，它们以多种的形态和缤纷的色彩，将地球家园装扮得分外美丽、生动。

林奈的贡献 植物分类

地球上的植物种类繁多，是一个庞大的家族。自从17世纪的瑞典学者林奈创立植物分类学后，植物家族才有了科学的分类。

17世纪开始，许多科学家再次研究起植物。他们力图根据植物的性状来分类，而瑞典学者林奈则是近代分类研究中一颗闪耀着光芒的宝石。他先将前人和当时从事分类工作学者的成果，根据自己对它们的评价，将它们按等级列队进行比较，从中汲取教益取其所长，然后按他自己选择的准则进行分类，基本上完成了生物物种的人为分类，创建了全球第一个分类体系。

林奈

林奈出生于18世纪初期，正是欧洲资本主义上升时期，各国竞相向海外进行殖民主义扩张，海外调查生物资源的工作极为活跃，大量生物标本由世界各地寄往欧洲。当时各国博物学家由于对这些动物、植物、矿物标本研究描述没有统一的方法，而且所用的语言、文字不同，则造成了混乱。往往一种动物或植物有几个名词，或几种生物共有一个名词，这些都使学者感到烦恼，同时也阻碍了科学的发展。林奈在大学学习时期，就深感这种混乱状况必须要大刀阔斧地改革不可，因此他悉心研究，博览古今典籍，写出了《自然系统》这本书。他创立了“双名制命名法”，又称为“二名法”。这种命名法，就是把一种动物或植物用一个属名和一个种名相拼成为一个学名。属名在前，是一个名词，种名在后，是一个形容词。二者音韵要协调，用拉丁文书写，以便统一。

↑在林奈的生物分类中，植物被分为24个纲116目1 000多个属，树木就属于其中的一类。

林奈在《自然系统》一书中把自然分为动物、植物、矿物三界。在动、植物界中又依照它们的相似程度分为纲、目、属、种、变种5个等级。在植物分类方面，林奈认为花的性状比较稳定，所以根据花的特征把植物分为24纲116目1 000多个属和约10 000多个种。他把雄蕊的特征作为纲的分类标准，把雌蕊的特征作为目的分类标准；他用花的性质区别不同的属，用叶的性质区别不同的种。虽然林奈的系统还是不能反映植物之间亲缘关系，但林奈却是第一个对当时所知的植物建立严整分类体系的学者。

在林奈的早期生涯，他显然相信物种不变的观念。他在1735年版的《自然系统》中，曾得出一个论点：所有的物种都是上帝创造的，自然界中没有新种。但是当分类逐渐变得主张自然界的物种稳定不变的时候，林奈曾谨慎地对此提出过怀疑，尤其是在植物杂交被证实之后，林奈也隐晦地承认了物种的可变性。他甚至在再版的《自然系统》中删除了以前那个不会产生新种的论点。

林奈生前就已表示他的思想是受限制和约束的，但他仍凭其不朽成就而成为现代分类学的奠基人。

学海拾贝

林奈在研究科学的同时，更注意教学，在乌布萨拉大学任教20年里，培养了许多人才。他不把科学知识作为私有财产，也不认为大自然的秘密是一个人所能垄断的。

绿色植物的能量转换 光合作用

光合作用是植物生存自养的基本方式，是植物进行各种生命活动所需能量的来源。它不仅对植物本身至关重要，也是维护生态平衡、供养地球其他生命的基础。光合作用还有助于人们更合理地用植物来改善环境。

我们每时每刻都在吸入光合作用释放的氧气。我们每天吃的食物，也都直接或间接地来自光合作用制造的有机物。那么，到底什么是光合作用？光合作用是怎样发现的？它对于人类、对于自然界又有什么意义呢？

光合作用是指绿色植物通过叶绿体，利用光能，把二氧化碳和水转化成储存着能量的有机物，并且释放出氧的过程。

18 世纪中期以前，人们一直以为植物体内的全部营养物质都是从土壤中获得的，并不认为植物能够从空气中得到什么。直到 18 世纪 70 年代，几位科学家的实验才揭开了植物从空气中获取营养的谜题。70 年代初，英国科学家普利斯特利作了一个实验，他在一个密闭的玻璃罩内放入点燃的蜡烛和绿色植物，发现蜡烛不容易熄灭；他又将小鼠与绿色植物一起放在玻璃罩内，小鼠也不容易窒息而死。因此，他得出了植物可以更新空气的结论。但他却不知道植物更新了空气中的哪种成分，也没有发现光在这个过程中所起的关键作用。后来，经过许多科学家的不断探索和实验，才逐渐发现光合作用的场所、条件、原料和产物。

植物的光合作用示意图

19 世纪 60 年代，德国科学家萨克斯的实

验成功地证明了绿色叶片在光合作用下产生了淀粉。80 年代，德国科学家恩吉尔曼用水绵进行了光合作用的实验：他把载有水绵和好氧细菌的临时装片放在没有空气并且是黑暗的环境里，然后用极细的光束照射水绵。通过显微镜观察发现，好氧细菌只集中在叶绿体被光束照射到的部位附近。如果把上述临时装片完全暴露在阳光下，好氧细菌则集中在叶绿体所有受光部位的周围。恩吉尔曼通过实验证明：氧是由叶绿体释放出来的，叶绿体是绿色植物进行光合作用的场所。

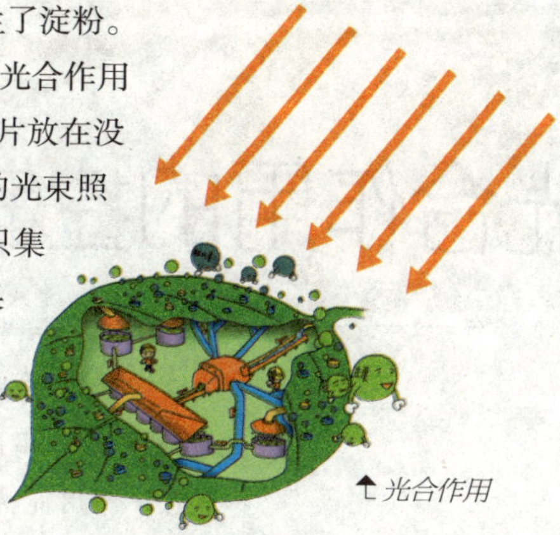

光合作用

至此，光合作用的原理被进一步揭示。科学家们还发现，光合作用分为两个反应阶段：第一个阶段中的化学反应，必须有光能才能进行，这个阶段叫做光反应阶段。此阶段是在叶绿体内的类囊体上进行的。第二个阶段中的化学反应，没有光能也可以进行，这个阶段叫做暗反应阶段，此阶段是在叶绿体内的基质中进行的。光反应阶段和暗反应阶段是一个整体，在光合作用的过程中，二者是紧密联系、缺一不可的。

光合作用为包括人类在内的几乎所有生物的生存提供了物质来源和能量来源，对于整个生物界都具有非常重要的意义。绿色植物的生存离不开自身通过光合作用制造的有机物，人类和动物的食物也都直接或间接地来自光合作用制造的有机物。地球上几乎所有的生物，都是直接或间接利用这些能量作为生命活动的能源的。煤炭、石油、天然气等燃料中所含有的能量，归根到底都是绿色植物通过光合作用储存起来的。光合作用还能使大气中的氧和二氧化碳的含量相对稳定，而且还对生物的进化具有重要的作用。

学海拾贝

多数植物光合作用的直接产物首先是葡萄糖，但葡萄糖很快就会变成淀粉，暂时储存在叶绿体中，之后又会被输送到植物体的各个部分。

光合作用的控制器 叶绿素

叶子的细胞里有一种叫做“叶绿体”的物质，它是叶子进行光合作用的主要细胞器。植物叶子里的叶绿体越多，光合作用能力就越强。叶绿体内最重要的元素——叶绿素则掌控着光合作用的一切。

叶子的特殊作用是能制造整个植物所需要的养料。叶子能够吸取阳光，然后利用阳光把自然环境中取得的各种物质变成养料，供给植物生存。叶子有着这种特殊的本质，因此它的细胞结构与众不同。叶子里的细胞大部分都有这种本领，而叶绿体就主要分布在其中。

叶绿素不容易分解，但也绝不是分解不出来。我们可以利用酒精把它分离出来，先采几片叶子，放在酒精里去煮，等到酒精煮开了，再把叶子拿出来观察。这时候，叶子的颜色变成了白色，而酒精则显出美丽的绿色。

古生物学家推断，叶绿体可能起源于古代蓝藻。某些古代真核生物靠吞噬其他生物维生，它们吞下的某些蓝藻没有被消化，反而依靠吞噬者的废弃物制造营养物质。在长期共生过程中，古代蓝藻形成叶绿体，植物也由此产生。

现代植物学的创始人萨克斯在1864年作了一个实验：他把绿叶先在暗处放置几个小时，目的是消耗掉叶片中的营养物质。然后，他让叶片一半曝光，另一半遮光。过一段时间后，他用碘蒸气处理这片叶子，发现曝光的一半呈深蓝色，遮光的一半则没有颜色变化。这一实验成功地证明光合作用的产物除氧气外还有

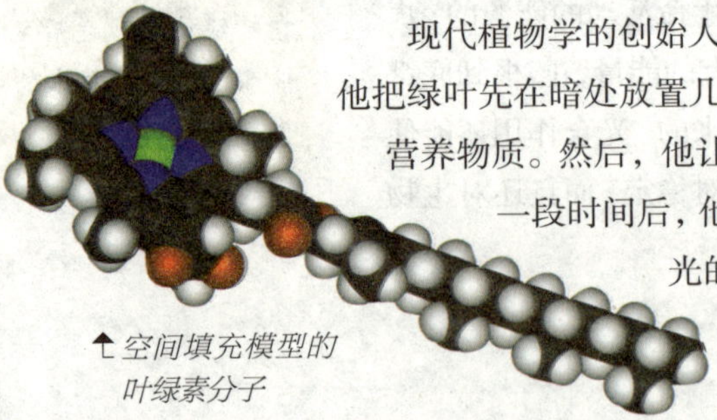

↑空间填充模型的叶绿素分子

淀粉。

↑叶绿素是植物进行光合作用不可缺少的物质。

因为叶子和植物的其他部分都均匀地呈现绿色，所以人们也认为叶绿素在整个植物中也是均匀分布。但萨克斯指出实际并非如此。1865年他发表了一篇内容丰富的植物学论文，证明叶绿素只存在于细胞内某些各自分离的物体之中，这些物体后来被命名为叶绿体。

以前，赫耳蒙特、普利斯特利和英根豪茨曾经指出，绿色的植物能够把二氧化碳和水转化成储存能量的有机物，同时释放出氧气。现在，萨克斯指出，这个过程是在伴有光线的照射下在叶绿体内经叶绿素催化而进行的。此外，他还指出，植物像动物一样地呼吸，消耗氧气，产生二氧化碳，然而占支配地位的是反向光合作用。

但是，这一过程的细节则在大约一个世纪以后，由卡尔文和其他一些学者利用了放射性同位素才被研究出来。

因此，我们几乎可以说一切生命活动所需的能量来源于太阳能。而绿色植物是主要的能量转换者，因为它们均含有叶绿体这一完成能量转换的细胞器。它们能利用光能把二氧化碳和水转化成储藏能量的有机物，同时释放出氧气。所以绿色植物的光合作用是地球上有机体生存、繁殖和发展的根本源泉。而叶绿素则是光合作用中最为关键的一种物质，离开了叶绿素，大部分植物就无法进行光合作用，那么地球将会毫无生机。

学海拾贝

叶绿素共有a、b、c、d四种。凡进行光合作用时释放氧气的植物均含有叶绿素a；叶绿素b存在于高等植物、绿藻和眼虫藻中；叶绿素c存在于硅藻、鞭毛藻和褐藻中；叶绿素d存在于红藻中。

植物生长的秘密 生长素

在阳光、雨露的滋润下，植物每天都在生长。一棵小树苗最终会长成参天大树，一粒凤仙花的种子会开出娇艳的花朵，一粒小麦种子会结出金黄的麦穗……植物为什么会生长？其实，这一切都与植物的生长素有着密切的关系。

生长素是植物体内普遍存在的一种激素，叫做吲哚乙酸。不过在植物体内，生长素的含量却不是很多。

生长素是最早被发现的植物激素。1880年，达尔文发现园草芦在单方向光照条件下，会向光弯曲。他通过一系列实验，认定胚芽鞘的向光弯曲是由于芽尖受某种刺激下传到芽鞘伸长区所引起的。达尔文父子将园草芦的胚芽鞘分为三组，分别放在黑暗、均匀光照和单侧光下进行实验后发现，在黑暗和均匀光照下，胚芽鞘直立生长；在单侧光照射下，胚芽鞘会向光弯曲生长。他们又将胚芽鞘尖端去除，放在单侧光下，则不发生弯曲。

1913年，詹森证明能使胚芽鞘向光弯曲的是一种物质；1928年温特收集到了这种物质；1934年荷兰人郭葛从玉米油、麦芽中分离出和纯化了这种物质，经鉴定为吲哚乙酸，命名为生长素。后来又陆续从植物中分离出具有生长素活性的物质，其中

↓19世纪80年代，达尔文证实园草芦的胚芽鞘具有向光性。

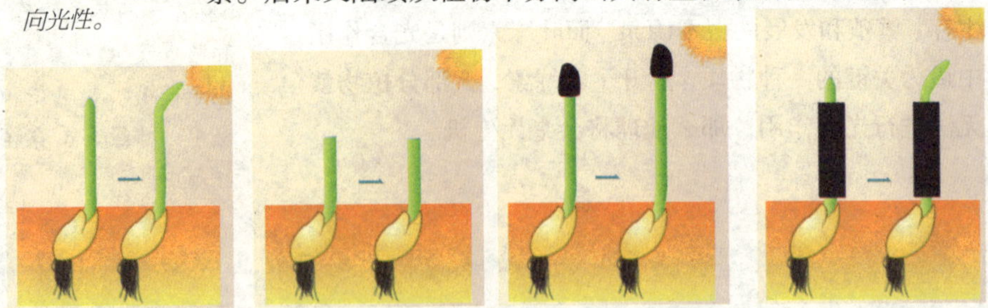

主要是吲哚类物质，如吲哚乙醇、吲哚乙酸、4-氯吲哚乙酸。

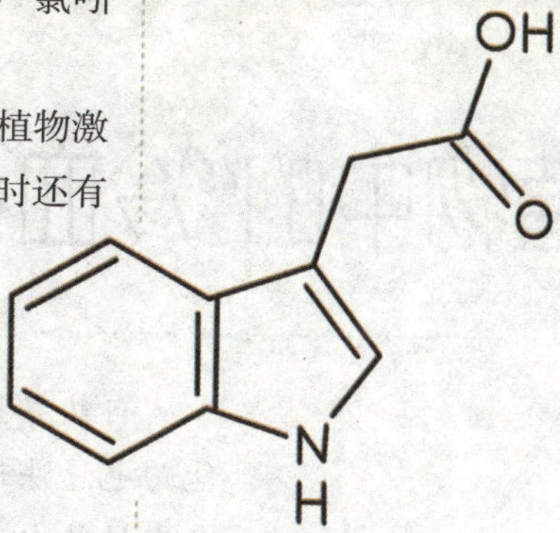

吲哚乙酸

生长素被认为是诱导或促进植物细胞生长的植物激素。如果没有生长素，植物就不能进行生长。同时还有的科学家认为细胞壁的松弛是由于生长素引起细胞膜向细胞壁放出氢离子的缘故。生长素除能诱导植物细胞伸长外，还能引起其他许多生理作用。例如增加细胞膜的透性、促进细胞的分裂、抑制侧芽生长、促进不定根和花芽的形成等。

通常，生长素低浓度时有促进作用，而高浓度时则具有抑制作用。因为植物种类、器官和组织的不同，所以生长素的作用也有所差异。由于植物生理年龄的不同，生长素的效应也不一样。高浓度生长素的抑制作用，多数情况是由于能诱导乙烯的生成。

生长素对植物生长的促进作用主要是促进细胞的生长，特别是细胞的伸长，对细胞分裂没有影响。植物感受光刺激的部位是在茎的尖端，但弯曲的部位是在尖端的下面一段，这是因为尖端的下面一段细胞正在生长伸长，是对生长素最敏感的时期，所以生长素对其生长的影响最大。趋于衰老的组织生长素是不起作用的。生长素能够促进果实的发育和扦插的枝条生根的原因是因为生长素能够改变植物体内的营养物质分配，在生长素分布较丰富的部分，得到的营养物质就多，形成分配中心。生长素之所以能够诱导无籽儿番茄的形成就是因为用生长素处理没有授粉的番茄花蕾后，番茄花蕾的子房就成了营养物质的分配中心，叶片进行光合作用制造的养料就源源不断地运到子房中，子房就发育了。

学海拾贝

生长素在植物体内分布很广，几乎每个部位都有，但不是均匀分布的，因为在某一时间，某一特定部位的含量是受几方面的因素影响的。生长素大多集中在生长旺盛的部位，而趋向衰老的组织和器官中则甚少。

植物中的“冷血杀手”食肉植物

自然界里的植物可并不全都“食素”。没有腿脚，不能跑也没法追，更没有锋牙利齿的植物靠什么来猎食呢？食肉植物自有一套捕捉昆虫或其他小动物的本领，而且招数各有不同，被称为植物中的“冷血杀手”。

在植物大家族中，食肉植物是比较奇特的，虽然它们的亲缘关系可能相距甚远，但都有着美丽的样貌、鲜艳的色彩和特殊的气味，能引来一些缺少警惕性的小动物光临它们光鲜亮丽的“陷阱”。

食肉植物在植物界中大概有四个科，400多种。主要有猪笼草、瓶子草、捕蝇草、毛毡苔等。它们虽然没有脚，不能长途奔袭，但是却可以设置陷阱，守株待兔，食肉植物捕捉的对象大多是昆虫。

这些“杀手”们并不只靠捕捉小虫为食，它们和其他植物一样也有叶绿体，自己可以通过光合作用制造养料。它们之所以还要做“狩猎”的兼职，是因为这些植物生长的地方经常受雨水冲刷或者处于缺少矿物质的地带，植物在那儿得不到生长所需的氮元素，所以经过长时间的进化，它们的叶子变成了捕虫的陷阱，用捕捉到的小动物来补充所需的矿物质元素。

↑捕蝇草

猪笼草的叶子长得十分奇特，它的中部是卷须状，可以攀援他物。在它的端部长着一个圆筒状的笼子，笼子上有一个半开着的盖子，笼口有腺毛能分泌蜜汁，贪食的昆虫受着蜜汁的诱惑，爬进笼内。由于笼子内壁由蜡质构成，十分光滑，昆虫会一不小心落入笼子的底部，这时，笼盖关闭得严严实实，笼底的消化液会把昆虫渐渐消化并吸收掉。捕虫笼颜色花纹美丽，大小不一，小的如拇指般大小，大的甚至可以容纳 1 升~2 升水。

猪笼草

依据捕捉猎物方式的不同,食肉植物可分为被动捕捉型和主动捕捉型两类。前者以鲜艳的色彩和香甜的蜜汁来引诱昆虫,进而不动声色地将其囚禁起来,再消化吸收,如猪笼草、瓶子草、茅膏菜；后者则需要通过自身的主动运动来捉住昆虫,再慢慢享用,如捕虫堇、狸藻。

捕蝇草的“诱捕器”为可随意开启的两瓣叶片，宛如贝壳，平时张开，叶片向外弯曲。前来吃蜜的昆虫若不慎触动它的激发刚毛两次或两次以上，或在数秒内至少触动它的两根激发刚毛，诱捕器就会在 20 秒~40 秒内闭合起来，且叶片向内弯曲，叶缘上的刚毛交错扣合，迅速将昆虫禁闭其间。同时，叶片上的紫红色腺体分泌出强酸性消化液将昆虫分解消化掉。当昆虫被消化得只剩下外壳时,叶缘的长须会渐渐松开,叶片又成为两瓣。这时捕蝇草又觉得“饿”了，再次伺机捕捉新的美味。

瓶子草的瓶状叶的内壁十分光滑，且生有蜜腺，有的芬芳如紫罗兰，有的香甜如水果，堪称致命诱惑。瓶壁上生有一排排尖刺状的倒毛，仿佛强壮的卫士可以协助捕捉昆虫和阻挡昆虫逃生。瓶底的液体，则是瓶子草囚禁并淹死昆虫的“水牢”。

毛毡苔的茎端长着像衬衣扣子那么大的圆叶，圆叶上的 150 多根紫色触须和叶片顶端晶莹透亮的黏液密切配合、并肩作战，誓将昆虫置于死地。

学海拾贝

在土豆、西红柿等植物的茎上，分布着一些浓密的黏性软毛。有的科学家认为，这很可能就是西红柿用来捕捉蚜虫等猎物的“武器”。当然，它们并不能直接把捕捉到的昆虫吃掉，而是需要等虫子死亡落入土中后，再利用根吸收其营养。

植物中的活化石 水杉

在中生代时期，地球上遍布水杉类植物，然而到 250 万年前的冰期以后，这类植物几乎全部绝迹，仅存水杉一种，而且它只分布在我国的一小部分地区，所以人们将水杉誉为“植物中的活化石”。

水杉是一种落叶乔木，树干通直挺拔，树枝向侧面斜伸出去，远远望去，犹如一座层层相叠的宝塔，其树形非常优美。据古植物学家考证，这类植物是在距今 1 亿年的中生代的下白垩纪，起源于北极圈内。提及北极，大家一定会想到那里一定是“千里冰封，万里雪飘”，怎么还会是水杉起源地呢？其实并不奇怪。因为在那个远古时代，北极的气候温暖湿润，适合植物生长，到处都是繁茂的森林。

到了上白垩纪，森林分布不断扩展，从北极圈内，向北延伸到 82°的格陵兰，不仅有水杉的足迹，还有巨大的红杉和美味的葡萄。直至新生代早期、中期，地球上的气温开始出现普遍下降的趋势，它才被迫停止北移，改而南下，使整个北半球出现了热带种属植物被寒带种属植物排挤的现象。于是水杉逐渐分布到欧洲大陆、西伯利亚、我国东北、朝鲜、北美等北纬 35°以北的广大地区。

水杉树叶

到了新生代末期可能是水杉的黄金时代。据古气候学家分析，当时的气候温和，地面潮湿，水杉类植物的生长特别繁茂，高的竟达 50 米~60 米，而且种类很多，现今发现的化石种类就有十多个。由此我们可以想到，当时这类植物的分布区是多么广泛，多么繁荣昌盛的。

可是好景不常，到了距今约 200 万年的第四纪，地球上的气候突然变冷，冰川降临，中欧、北美均被巨大的冰川所覆盖，大陆上的水杉类植物多被浩荡奔流的冰川所摧毁。所以，在 20 世纪 30 年代以前，西方学者都认为这类植物早已在地球上灭种绝迹，要窥测其面貌，只能从地层中观察它的化石“遗容”了。日本的植物学家从第三纪地层中发现了水杉化石。

1941 年，学术界传来了喜讯：在我国发现了活的水杉。世界上目前留存的水杉仅此一种。这种活的古代树种，被学术界誉为“活化石”。它的发现，不仅丰富了古植物学研究的内容，还对古气候学、古地理学以及地质学提供了极有价值的资料。

此后，国内又有新的发现：繁殖的水杉苗，各地大量引种。北起北京、延安，南到两广、云贵高原，东临东海之滨，西至四川盆地，到处都能见到“活化石”的身影。由于它具有生长迅速、材质良好、适应性强等优点，因此深受人们的喜爱。在大江南北，它已逐渐发展成为主要的造林树种。

水杉不仅是研究古生物、古地质的活化石，也成为中国向世界各国人民传播友谊的纽带。我国曾多次把水杉作为友谊之树，赠送给友好国家，现在水杉已成为一些国家的重要植物。

学海拾贝

水杉对二氧化硫还有一定的抵抗能力，是工矿区绿化的优良树种，同时也是荒山造林的良好树种。水杉的经济价值很高，其材质细密轻软，是造船、建筑、桥梁、农具和家具的良材，同时还是质地优良的造纸原料。

红木水杉

药用植物典籍《本草纲目》

中药被誉为中国的国粹之一，其本身来自于各种植物，经过医生的精心搭配，就变成了一种种能治愈各种病症的神奇药物。《本草纲目》是我国古代药物学的最高成就，对人类近代科学以及医学方面产生了极其深远的影响。

《本草纲目》是我国明朝伟大的医药学家李时珍撰写的，成书于万历六年（1578），万历二十三年（1596）在金陵（今南京）正式刊行。《本草纲目》纠正了以往本草书中的许多错误，推动中国医药学向前迈出了一大步，把中国的医药科学水平提高到一个新的层次。

李时珍家里世代都从事和医学有关的行业，祖父是走街串巷的医生，父亲也是当地名医，并有许多医学方面的著作。生活在这样的家庭环境中，李时珍自然对医药学产生了浓厚的兴趣。长大后，李时珍继承祖辈的事业，潜心研究医药学。在行医实践中，他发现前人的医书多有欠缺和谬误之处，便立下了重新编写一本集大成的医学巨著的雄心壮志。他刻苦攻读前人的医书，一边读，一边根据自己的实践把哪些经过证明是对的或错的以及哪些还需要继续验证或补充的地方都一一记了下来。

↑ 李时珍

为了获得真正的知识，李时珍除继续博览群书外，还进行实际的调查。他的足迹遍及江西、江苏、安徽、湖南、广东等地。不仅民间医生、药农是他拜访的对象，而且连老农、渔夫、樵夫、猎人都成了他的好老师。他认真调查了各地特产的药物，历尽艰辛，采集了许多珍贵的药物标本。他跋山涉水，累了，就在路旁坐一会儿；渴了，就向农家讨一杯水喝，或者以山泉解渴；饿了就吃带来的干粮或山中野果。他还要防备毒蛇猛兽的伤害。山路崎岖，山势险峻，随时都有摔下山崖的危险，他却全然不顾。许多地区的田头、山中、溪边，处处都留下了他的足迹。

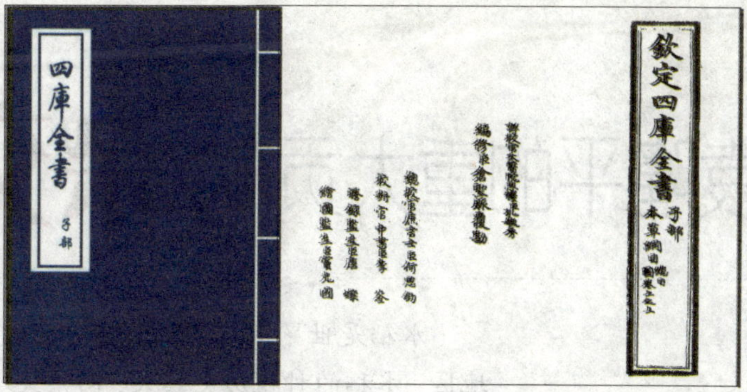

↑《本草纲目》四库全书版

为了证实药性和传说，他常常品尝试验。历代《本草》书中都有关于曼陀罗花的记载，一次，他听一个樵夫讲，吃了这种草就会发笑。为了证实这种传说的可靠性，他好不容易找到了这种药草，并在溪边洗净，亲自品尝，细心体验草药的味道、药性、药效的快慢。后来他竟然失去了知觉，幸亏一位老猎人把他救起。当他醒来时，老猎人告诉他刚才救他的经历，李时珍高兴地告诉老猎人说："我发现了一种麻醉药。"老猎人听了迷惑不解，李时珍详细说出了原委，老猎人不禁暗暗赞叹眼前这位不平凡的采药人。

就这样，在近 30 年的时间里，李时珍为编写《本草纲目》参看了历代有关书籍 800 多种，走过了几万里路，请教过成千上万的人，记下了几百万字的笔记。在写作中他经过一遍又一遍的修改核实，还绘制了 1 000 多幅插图，终于写成了举世闻名的医药巨著《本草纲目》。

《本草纲目》无论从它严密的科学分类，还是从它包含药物的数目之多和流畅生动的文笔来看，都远远超过古代任何一部本草著作，是我国医药宝库中的珍贵遗产，是对 16 世纪以前中医药学的系统总结，对人类近代科学以及医学方面产生了极其深远的影响。

学海拾贝

《本草纲目》共 52 卷，载有药物 1 892 种(其中李时珍新增药物 374 种)，书中还附有方剂 11 096 个(其中 8 000 余个是李时珍自己收集和拟定的)，约 190 万字，分为 16 部、60 类。全书收录植物药 1 095 种，占全部药物总数的 58%。

袁隆平的重大贡献 杂交水稻

水稻是世界上最主要的粮食之一，尤其是在亚洲东部地区。水稻的种植历史悠久，而杂交水稻的诞生只是这近100年的事情。它是人们在长期的生产实践中反复摸索、不断攻关取得的一项重大的科研成果。

被誉为“杂交水稻之父”的袁隆平，亲手培育的杂交水稻不仅在很大程度上解决了中国人的吃饭问题，而且创造了解决21世纪世界性饥饿问题的法宝，对人类文明作出了重大贡献。

所谓杂交水稻，即是由两个具有不同遗传特性的水稻品种，经过杂交以后而产生的一种新的杂合体。由于不是任何两个杂交的水稻品种都具有杂交优势，所以只有在亲本选配上做大量的杂交组合，才能筛选到具有强大优势的杂种。杂交水稻具有根系发达、茎秆粗壮、穗大粒多、适应性广等优点。因此，在同等条件下，杂交水稻要比普通水稻增产2成~3成。

↑杂交水稻比一般水稻产量高，颗粒饱满。

长期以来，人们总是受到学术界某些理论的影响，认为水稻是靠自花授粉繁殖后代的，不可能有杂交优势。可是固执的袁隆平并不相信这个说法，他决定进行探索，这在当时是需要很大的勇气。

1960年前后，袁隆平看到杂交高粱、杂交玉米、无籽儿西瓜等都已广泛应用于国内外生产，这使袁隆平看到水稻育种的新路子。

1964 年，袁隆平偶然发现了一株天然杂交水稻，优势非常强，这给了他很大启发。这更坚定了他进行杂交水稻实验研究的决心。水稻是自花授粉植物，自然状况下杂交的可能性很小。要想进行人工杂交，必须手工去除花的雄性器官，这是一件非常费时费力的劳动，根本无法大面积实施。

如今，杂交水稻已经推广到了世界许多国家。

袁隆平和助手们开始寻找天然的水稻雄性不育株。1970 年的一天，他们在海南一片沼泽地的小池塘边，发现了这种雄性败育的野生稻——野败。两年后，第一个雄性不育系和保持系诞生了，继而育成了恢复系。在此基础上，1973 年，杂交水稻终于诞生了。现在，中国种植的水稻有一半是袁隆平培育的杂交水稻。

1985 年，袁隆平提出杂交水稻育种的战略设想，到 1995 年，袁隆平和他的团队便研制成功两系杂交水稻，再到 1997 年提出超级稻育种技术路线，2004 年提前一年实现超级稻第二期目标。其结果是，我国水稻的产量从亩产 300 千克提高了 847 千克。

据统计，从 1976 年到 1987 年间，中国的杂交水稻增产稻谷 1 000 亿千克，每年生产的稻谷可以多养活 6 000 多万人，这对于中国人来说，简直就是救命粮。

杂交水稻不仅在国内迅速推广，而且还不断推向世界的一些国家。1980 年，杂交水稻以第一个农业技术转让给美国，并派出技术人员传授生产杂交稻种的技术。

杂交水稻的成功，丰富了水稻遗传育种的理论和实践，更对农业科学和农业生产产生了深远的影响。

学海拾贝

水稻的故乡在亚洲热带地区，后来逐渐传播到世界各地。按照不同的方法，水稻可以分为籼稻和粳稻、早稻和中晚稻、糯稻和非糯稻。水稻所结稻粒去壳后就是我们常说的大米。世界上近一半人口都以大米为食。

第三章 *Di-san Zhang*

动物

Dongwu

在我们美丽的地球家园里，生活着形形色色的动物。它们的足迹几乎遍及世界的每个角落，从广阔的非洲草原、寒冷的北极冰川到浩瀚的热带沙漠、深邃奥妙的海洋，包括熙熙攘攘的人类家园，各种动物以它们特有的方式自在地生活于其中。

千奇百怪 动物界

动物是地球生命的一大组成部分。从天上翱翔的飞禽到地上奔跑的走兽，从海底游弋的鱼类到陆地上的小小昆虫，地球上形形色色的动物让我们的世界变得喧哗热闹。它们是大自然赐予的、和人类同生共长的生命伙伴。

如果你向周围看看，一定不难发现动物的身影：有的很大，如蓝鲸；有的很小，如蚂蚁；有的会飞，如鸟；有的会跑，如马；有的会在水中游弋，如鱼；有的会爬行，如龟……动物的世界真是千姿百态！

而人与动物的关系也源远流长。科学家们通过考古发现距今1.2万年以前在两河流域地区就有养狗的；距今9 000年左右就有养山羊、绵羊和猪的；距今8 000多年前在欧洲就有养牛的；距今5 000年左右在中亚地区就有养家马的……

地球上的动物种类繁多，生物学家按照动物的形态结构，把动物分为两类：无脊椎动物和脊椎动物。这两类动物的主要区别在于身体有无脊椎椎骨所组成的脊柱。

而按照动物从低等到高等的进化顺序，把无脊椎动物分为原生动物、海绵动物、腔肠动物、扁形动物、线形动物、环节动物、软体动物、节肢动物、棘皮动物，等等。

↓宠物犬一直都是人类的好朋友。

脊椎动物是动物界最高等的一个类群。这个类群的动物包括鱼类、两栖类、爬行类、鸟类和哺乳类等动物。它们不仅有一条脊柱和成对的附肢支持身体的活动，而且大脑比较发达。

尤其是哺乳类，大脑特别发达，感觉器官和神经系统更趋完备。

在脊椎动物中，高等和低等动物的划分是相对的。如果以脊椎动物在胚发育过程中有无羊膜（胎儿体外包有羊膜）来区分，那么，鱼类和两栖类为低等动物，而爬行类以上的脊椎动物为高等动物。如果以变温和恒温动物来区分，那么，鸟类和哺乳类等恒温动物为高等动物，爬行类以下的变温动物为低等动物。更狭义的高等动物则是专指哺乳类动物，而鸟类以下各类动物为低等动物。

↑老鹰是鸟类家族中的一种猛禽。

从地域来看，世界上的动物有一定的分布特点。从大的地域来说，大家在动物园里都看到过的许多珍禽异兽，如大袋鼠、食火鸡、鸸鹋等，它们都产于澳大利亚。从小的地域来看，动物的分布同样有一定的范围。经常去野外的人都会知道，在山脚下的沼泽和水田里，可以看到成群白鹭翩翩飞舞，硕大的苍鹭伸长脖子远远地看着你，还有不少山鸡在鸣叫。可是，到了山上就很难看到这种景象，山上往往看到的是许多和山下截然不同的动物。可见，动物的活动和栖息地，并不像我们想象中那样漫无边际，它们有意无意地形成了许多无形的“王国”。

当然，动物这些分布区的差别，也不是绝对的。某些适应能力很强的动物，它们能够克服各种障碍，到处为家，散布全球。像狼、狐既能生活于草原，也能生活在森林、苔原和沙漠。此外，家养的豚鼠的祖先在南美，但是现在它们已经散居世界各地，成了各个动物“王国”里为数不少的“居民”了。

学海拾贝

人类和所有动物有着共同的生命起源，只是在生命漫长的进化过程中，因为各种因素，走上了不同的演化之路。随着人类不断的发展，许多动物被人类驯化，有的成为人类的朋友。动物在维持大自然的生态平衡中发挥着重要的作用。

曾经的霸主 史前生物

在地球的演变史中，我们将人类出现以前的那段时间称为史前时期。在这一时期，地球上出现了几次动物发展的高峰，其中甲胄鱼、三叶虫的繁盛和恐龙的辉煌，还有颇具传奇色彩的猛犸象就是典型代表。

很早以前，地球上就出现了鱼类、爬虫类、鸟类和一些哺乳动物。这些动物中有一些生命力很顽强，是现今活着的各种动物的祖先；而另一些则在盛极一时后就从地球上销声匿迹了。我们把这些在漫长的历史长河中曾经出现过的动物，称为“史前动物”。

甲胄鱼大约出现在5亿多年前，它是海洋里出现最早的鱼类，现早已绝灭。它有头、躯干、尾巴，其外形与现代鱼相似；与现代鱼不同的是，它的头部和躯干包着硬硬的骨板，像古代战士的盔甲一样，而且，它们也不像现代的鱼拥有成对的鳍。甲胄鱼是一个很大的种类，包括头甲鱼类、缺甲鱼类、杯甲鱼类和鳍甲鱼类等，体形大小不一，小的几厘米，大的几十厘米。它们的生活方式也多种多样，多数种类在海底过着爬行生活，靠吮吸方式在海底觅食。

三叶虫化石

与甲胄鱼相比，三叶虫的名字则更被大家所熟悉。三叶虫是一种灭绝了的节肢动物，最初大约出现在5.7亿年前的海洋中。在整个古生代3亿多年的漫长地质历程中，三叶虫生生不息，繁衍出了众多的种群和巨大的数量。由于它的全身明显分为头、胸、尾三部分，背甲坚硬，被两条纵向深沟割裂成大致相等的3片，因此被称为

“三叶虫”。它的体外有一个坚硬的外壳，其主要生活在浅海地区。在那里，它通常是一种爬行或是半游泳的活动方式，还有一些在海洋中过着游泳或漂浮的生活。

↑猛犸象

史前西伯利亚地区的猛犸象，生活在距今 20 万年前~1 万年前。从外形上看，它与现代象相似，但后腿短，整个体态向后倾，象牙长而弯曲，臀部下塌，尾巴上长着一丛长毛。另外，猛犸象的脚趾只有 4 个，比现代象少了 1 个。当人类还处在石器时代的时候，猛犸象是人们主要的狩猎对象。后来，人们在欧洲的很多洞穴遗址的洞壁上，发现了当时人类画上去的猛犸象的样子。人们在阿拉斯加和西伯利亚的冻土和冰层里，有很多次都发现了猛犸象冰冻的尸体，这种身形庞大的生物一直活到了几千年前。

虽然随着地球生物的不断演化，许多动物都已灭绝了，但仍有一些古老的动物顽强的生存了下来。鸭嘴兽就是其中之一，它最早出现在 2 500 多万年前，因扁平的嘴像鸭子而得名，是现存较古老的哺乳动物。鸭嘴兽的体表长毛，用乳汁哺育后代，但它不是胎生而是卵生，兼具了哺乳动物与爬行动物的特征。鸭嘴兽的长相奇特，一度被人们称为是“不可思议的动物”。它们在动物进化上具有很大的科学研究价值，因为它们是形成高等哺乳动物的进化环节证明。现在的鸭嘴兽主要生活在澳大利亚。

虽然这些史前动物都曾有过辉煌的历史，但它们中的大多数最终还是消失在了历史的长河里，今天的我们只能凭借一块块化石去了解它们曾经的历史。

学海拾贝

始祖鸟生活在距今 1.44 亿年前，是最早出现的鸟类。它身体覆盖羽毛，前肢像飞行的翅膀，足有四趾，三趾向前，一趾向后，这些特征跟现代的鸟十分相似。

保护皮肤 动物的毛皮

动物的毛皮是大自然赐予它们的"衣服"，五彩斑斓的"衣服"既能绝热御寒，也是动物吸引异性、争相媲美的骄傲。更重要的是这些"衣服"还能起到保护它们安全的作用，使动物成功摆脱天敌的追捕。

动物的毛皮是自然演化的结果，像哺乳动物的毛皮实际上是它们皮肤的组成部分。如果你把家里的猫的胡须剪去，它就会频频碰壁，无法捕捉老鼠。因为胡须对猫来说是一种感觉器官，起着触觉作用。

有人解剖了动物的毛，发觉它中央由一些含有气体的细胞构成，外部则由角质化的细胞构成。这种结构不利于热的传导而有利于保温。

一年四季中人们根据天气的变化不断更换衣服，在寒冷的冬天人们要穿棉袄，可是到了夏天只需穿单衣就够了。哺乳动物和鸟类也同样适应着季节的变化，进行换毛。它们冬季的毛要比夏季的毛长得多而密，有些甚至比夏天多出一两倍。猎人们掌握了动物的换毛规律，认为收集动物的毛最好的季节是在冬季，因为过了冬季，动物的毛又开始脱落了。

↓猫的胡须看似只起着装饰作用，实际上起触觉作用。

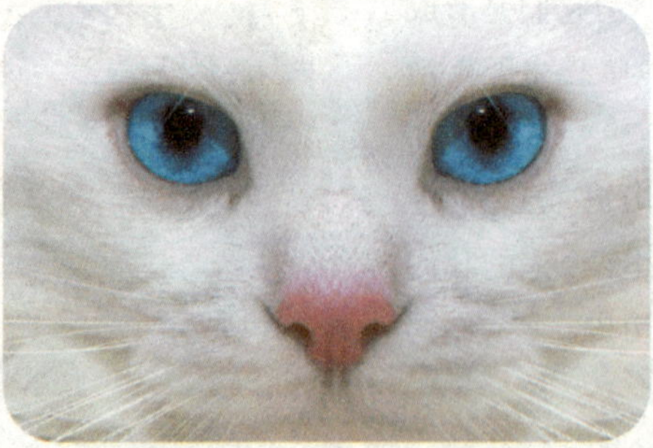

生活在荒漠地带的鸟类，颜色大多比较暗淡，色泽单纯，近于沙色。生活在南方森林里的鸟类，则五彩缤纷，非常美丽。这是由于南方比较湿热。鸟类有各种各样的羽毛，主要是出于生活在不同的环境之中，羽毛与其周围的环境相协调，能使鸟类把自

↑鸟类的羽毛是其有效的保护色，而对雄性鸟类来说，绚丽的羽毛更是它们求爱的“撒手锏”。

已隐蔽起来，不易被敌害发现。这在生物学上就是保护色。

另外，还有些美丽的鸟类，并不单纯起着保护色的作用。有些雄鸟的羽毛非常美丽，而雌鸟就显得一般了。如野鸡，雄鸡就比雌鸡美丽得多，身上的羽毛有好多种颜色，而雌鸡则以褐色为主。

在动物界里，毛只存在于哺乳动物。所以，就像羽毛是鸟类的特征一样，毛是哺乳动物重要的标志之一。除了极少数种类（如某些鲸）由于对环境的适应失去了毛之外，绝大多数哺乳类动物身上都有毛。你试着仔细看看全身披着鳞的穿山甲，就会发觉在每片鳞之间伸出三两条粗硬的毛。也许你以为动物园那只皮肤裸露几乎发出亮光的河马是没有毛的吧？但你只要仔细一看，也不难发现它的尾尖和吻部还是有少数粗硬的刚毛。所以，有些动物学家把哺乳动物称做“有毛的动物”。

毛皮动物和人类的生活、生存有着紧密的联系。早在远古时代，人类就已经开始捕捉野兽，以兽皮为原料制作的服装可以御寒。随着人类文明的进步和社会的发展，虽然人们摆脱了对兽皮的依赖性，但是由于毛皮制品的优良特性依然深受消费者所喜爱，于是出现了一个新的产业——毛皮动物养殖业。

学海拾贝

人类是最高级的哺乳动物，可是现代人身上几乎看不到哺乳动物普遍具有的体毛。根据DNA检测，科学家发现，至少在上一次大冰川时期，人类就已经是不长体毛的动物了。

↓毛皮大衣

团结就是力量 动物的生活

面对变化多端的生存环境，单独一个弱小的生物体是无法凭借自己的力量生存下来的，它所依靠的往往是集体的力量。在各种各样的生物群体下，个体才能安全地成长、繁衍下一代。

蜜蜂

俗话说，“团结就是力量”“人多力量大”，自然界中的许多动物似乎也懂得这样的道理。蚂蚁、蜜蜂、狒狒等都喜欢集体生活，它们或是以数量不多的小群体，或是以较大的群体，甚至是成千上万的种类组成的群体进行活动。对于这些动物来说，群体生活有很多优势。如在寻找以及搜集食物、发现危险、对抗敌害上，群体中的成员可以相互合作。如狼、鬣狗等凶猛的食肉动物集结成群，则可大大提高捕食的成功几率。

蜜蜂、蚂蚁在孤独的环境里，根本就不能活。只要它们单独在一起，或者有时只是因为伙伴少了一些，它们就会不吃不喝，很快死亡。蚂蚁和蜜蜂的伙伴不能少于 25 只，如果少于 25 只，这些习惯于正常群居生活的动物就会感到非常忧伤。蜜蜂是一种非常合群的昆虫，在一个家族里，每个成员都有自己的工作：蜂王负责产卵；数量最多的工蜂，主要负责建房子、采蜜、保护蜂王等工作。

蚂蚁

非洲角马长得像牛，它们生

活在非洲的东部和南部。到了旱季，为了寻找新鲜的草料，非洲角马便聚集起来，成群结队地去寻找食物。有时，它们一天要走 50 千米左右。在长途跋涉的过程中，北美的驯鹿和非洲角马一样，也都喜欢集成庞大的群体，对它们来说，数量越大就越安全，单独的个体势必会遭到捕食者的攻击。

群居的大象

集体生活有着许多显而易见的优点：多双眼睛和耳朵同时警惕，可以增加防御的安全性；成员们分工合作，便于较为轻松地找到食物养育后代……除此之外，集体生活里还有许多鲜为人知的秘密。如：狮子是猫科动物中唯一进行大规模群居生活的动物；群居的鸟类通常讲强弱顺序，如农家场院里生活的鸡，最强壮的能啄其他所有的鸡；海豚常成百上千地聚成一群共同捕食，它们会发出一种特殊的声音进行相互联络……

狼也是喜欢集体生活的动物。单个的狼虽然不乏凶悍，但它们要是集体合作围捕猎物，其能力可以打败一头雄性美洲野牛。

非洲雌狮在追击猎物时喜欢群体出击，采用围堵的策略。虽然这种群体出击的成功率远远高于单独捕猎，但生性孤僻的非洲雄狮还是喜欢单独行动。

鸽子是喜欢群居的一种鸟类，做伴的鸽子越多，它们越高兴。科学家称：孤独甚至会影响到它们的产卵能力。不过，如果让那些形单影只的鸽子看到自己的影子，它们会魔术般地开始产卵。

生活在海底的海葵，常常成群聚集固定在岩石上，它们长长的触手伸展开来，仿佛海中盛开的娇艳花朵，在海底世界构筑了一方“海底花园”。这方美丽的花园，可以为海葵吸引到小鱼小虾等食物。

学海拾贝

动物的群居性是自然界里最普遍的现象。在群居的动物集体里有着明确的分工和等级区分，它们的群族可能由一个到多个家庭组成，通常都有首领。

遍及各处 动物的栖息地

地球上的每一个地方都有动物的踪影，而每一种动物都有自己最适应的环境，这就是它们的栖息地。无论是陡峭的高山、深邃的海洋，还是寒冷的极地、炎热的沙漠，都为动物们提供了一方生存的空间。

由于各种动物赖以生存的食物不同，所以它们的栖息环境也不一样。有的动物对栖息的环境特别挑剔，而有的动物则能以顽强的生命力适应各种恶劣的生活环境。

森林是地球生物圈的重要组成部分，这里生长着大片的树木，拥有丰富的植物资源，这里可以找到充足的食物，所以，森林就成了众多动物理想的栖息地。生活在这里的动物有浣熊、野猪、孔雀、犀鸟、棕熊、啄木鸟、猫头鹰、美洲狮等。

广袤无垠的草原上，草类茂盛、气候干燥，所以，那些以食草为生的动物就能在这里安居。大量食草动物的存在自然又为食肉动物提供了丰富的食物资源，比如在非洲草原上，就生活着长颈鹿、斑马、角马、非洲狮、鬣狗等动物。每年的 3 月~5 月，这里雨水充足，到处都有角马的身影。但到了 7 月~9 月的旱季，为了寻找新的食物，成千上万只角马长途跋涉、浩浩荡荡，场面蔚为壮观。

虽然草原和森林是动物们理想的栖息地，但是在条件相对恶劣的山地，依然生活着大量的动物。比如雪豹、野牦牛生活在海拔较高的山区；各种鹰盘旋于狂风猛烈的山顶附近；善于走山路的羚羊总是出现在山坡上；而山坡下的灌木丛中还藏着各种小动物。

在水草肥美的河流和沼泽地带，则适合一些水生小动物（如鲶鱼）、两栖动物（如蝾螈）、少数爬行动物（如鳄鱼）和哺乳动物（如河狸）以及涉禽（如鹤）生活。除了非洲沼泽中有河马外，一般的沼泽地带都不适合大型哺乳动物生存。

除了陆地之外，浩瀚的海洋更是动物们的乐园。海洋占据了地球表面积的 71%，这样广大的领域为动物们提供了良好的栖息环境和丰富的食物资源。海底生活着各种鱼类（如鳐鱼、鲑鱼、弹涂鱼、蝴蝶鱼、小丑鱼等）和海洋动物（如鲸、海豚、海狮、海马、海葵、海星等），海面上则翱翔着像海鸥、信天翁、海燕、北极燕鸥等众多的海鸟。海洋是一个生机勃勃、丰富多彩的生物世界。

世界上最寒冷的地方莫过于被称为“极地”的南极和北极了，这里终年冰雪茫茫一片，气候条件非常恶劣。为抵御严寒，生活在这里的动物，如企鹅、北极熊、海豹等都有着厚厚的皮毛或羽毛，有的还有一层厚厚的脂肪。

此外，在地球上最干燥的地方——沙漠，地面完全由沙子覆盖着，稀少的降雨量使这里很少有植物生存。能在这里生活的动物，如骆驼、大耳狐、蝎子等都有自己独特的适应方法。

地球上各种形态的地貌为动物们提供了不同的生活环境，动物们经过漫长的演化也都适应各自的环境，并不断繁衍生息着。

学海拾贝

生活在北极的北极熊体形巨大，体重大都在 150 千克~500 千克之间。由于他们生活在气候寒冷的北极地区，所以为了减少体温的损耗，他们的耳朵和尾巴都生得非常小。他们生有浓密的皮毛，为了抵御北极的严寒。

美丽的海底

化身为物 拟态

在自然界中，有不少动物都有一种特殊的本领，这种本领叫拟态。动物利用自己身体颜色、身体形状来模仿其他的动、植物的色彩和形态，以便逃避敌害，或者诱使猎物上钩的一种方法。

为防御敌人和捕食猎物，动物们利用自身特殊的自卫武器和保护身体的色彩，巧妙地把自己隐蔽起来。竹节虫、枯叶蝶、变色龙、螳螂、乌贼、海马、大白鲨……它们都有自己的伪装技巧，是大自然里的“伪装专家”。

拟态现象发现的历史其实也不算短了。1862年，英国博物学家贝特斯观察到在南美具有鲜艳色彩的蝴蝶中，有些是有毒的，有些是无毒的，它们尽管是不同的物种，但从形态色泽上来看，很难辨别。他认为这是由于无毒蝴蝶在自然历史过程中模拟有毒蝴蝶的结果，如此一来，就可以逃避被捕食的厄运，这就是著名的“贝氏拟态”现象。

动物的伪装技巧有很多，主要可以归为拟态和保护色两种。有的把自己伪装得像枯叶、树枝、石头等来逃避敌害；有的会模仿带有异味或有毒的动物来欺瞒天敌；还有的会利用各种变化体色、姿态的方式来诱捕猎物。这些从形态上模仿的方法，我们称为“拟态”。而保护色就是动物利用自身与环境相似的颜色、花纹以避免天敌发现的方法。

↓枯叶蝶

枯叶蝶又叫木叶蝶，是一种借助枯叶形状隐身的昆虫，它的前翅

形状很像树叶的叶尖，后翅很像树叶的叶柄，前后翅叠在一起，看起来酷似一片树叶。遇到追捕时，它便迅速地落在阔叶树的枝条上，用身体紧贴枝条，双翅并拢竖起，使天敌常常在混杂的树叶中难辨其是否存在。

↑亚利桑那珊瑚蛇

细细长长的竹节虫长得特别像小树枝，并且它身体的颜色、图案和所处的环境都与树枝特别相似，让敌人难以分辨。如果竹节虫不幸被抓了，它还会断足逃生。蝗虫也是靠体色来伪装的，它们通体呈绿色，能与周围的草木相混合，不露出任何痕迹。当它在树上吃树叶时，难辨真假。

美国有一种亚利桑那珊瑚蛇，也叫伪珊瑚蛇，它的颜色、花纹、大小都跟真正的珊瑚蛇很像，所以当它遇到敌人时，它就伪装成有剧毒的珊瑚蛇，把敌人吓跑。

其实，在植物王国里也有许多拟态的高手，它们依靠自己惟妙惟肖的“装扮”，在自然界激烈的生存竞争中成为胜利者。

生物学家很早就注意到了植物的拟态现象。18 世纪末，德国人施普伦格尔在观察植物异花授粉过程时，发现某些兰花虽然自己不产生花蜜，却通过把自己“装扮”成分泌花蜜的另一种兰花，而得到传粉昆虫的惠顾。

在自然界中，也有一些植物为了避开取食者，采取了更主动的拟态方式。它们不是靠消极的隐蔽策略，而是模拟具有防护武器的其他植物，令敌人不敢接近。如有一种被称为死荨麻的植物，茎、叶等在形态上与蜇人的荨麻极为相似，虽然本身并不具有能释放毒液的蜇毛，但同样会使取食者望而生畏。

人们对植物拟态现象的广泛观察和研究，还是近几十年的事。目前，这一领域的研究工作正处于方兴未艾的阶段。

学海拾贝

海马是鱼类家族中外貌最奇特的一类，它们也有拟态的本领。尤其是叶海马，它们的形态模拟周围的物体，全身长有许多叶形突出物和丝状体，像马尾藻一样，在海里缓缓漂荡，使对手很难辨认。

天然的警示 警戒色

在动物界中，有些动物，特别是昆虫，具有鲜艳醒目的体色，能对捕食者产生警戒的效果，称为警戒色。和保护色、拟态经常作为弱小动物的自保手段有所不同，具有警戒色的动物本身通常都是些危险的厉害角色。

警戒色是动物在漫长的进化过程中形成的，拥有警戒色的动物常常具有鲜艳夺目的色彩或斑纹。毒蛾的幼虫多具鲜明的色彩或斑纹，向这类幼虫进攻的鸟类常被其毒毛刺伤口腔黏膜,因而,这种鲜艳的色彩或斑纹便自然成为鸟类的警戒色。

有剧毒的金环蛇和银环蛇身上分别有黄黑相间和黑白相间的花环，这种鲜明的色调使许多动物望而生畏，退避三舍。瓢虫背上的斑点和色彩也都属于警戒色。

传统的解释认为，这种防范措施的进化理由基于如下事实：这些昆虫吃的食物常有特殊物质累积在体内，使昆虫味道不好或身体有毒，捕食者取食后会有不适或呕吐现象。于是这些昆虫借助鲜艳色彩来增强捕食者的印象，使吃过苦头的捕食者下次不敢再犯，这就是警戒色所得到的保护效果。

↓金环蛇

许多生物学家认为，这种传统解释看起来说得通，但深究一下，麻烦就来了：在这种警戒色刚刚开始通过基因变异登上进化舞台时，少量颜色鲜艳的毛毛虫显然会首先被还没受到教训的大群天敌吃个干净。这种变异究竟怎样才来得及发挥它的生存优势从而流传并扩散开来呢？

最近，一位英国科学家对此作了一番新的推论。他假设被捕食的动物美味可口其颜色鲜艳多样，还假设一只食肉动物在选择食物上的决策可以影响其他食肉动物的行为，然后他在这些假设的基础上建立数学模型。如果那些美味的动物逃避天敌的成功率比自我防卫能力强，那么天敌就会想办法把那些美味的动物挑选出来。这样，味道又好、颜色又鲜艳的动物最容易被天敌吃掉，剩下的颜色鲜艳的动物就是以味道不好的为主，每经过一轮淘汰，颜色鲜艳与味道不好之间的必然联系就更加明显、紧密。这样，天敌就会逐渐进化出对颜色鲜艳的动物的警惕性，这种新的数学模型比起传统的解释更具说服力。

↑色彩鲜艳的箭毒蛙

当生物警戒色在自然界中建立起来，冒充者也就出现了。这种冒充者的拟态方式可分为两类：一种是本身没有防卫能力的动物，模仿其他有防卫能力的动物，借此躲过捕食者的取食。如蜜蜂、虎头蜂等具有螫针的有毒昆虫被鹿子蛾、食蚜蝇等昆虫模仿即属于此类；另一种指两种或两种以上，本身具有自卫能力的动物间互相模仿，以提高对捕食者的防卫效果。比如，桦斑蝶和黑脉桦斑蝶均属味道不好的蝶种，彼此外形非常相似。

但是，警戒色在预防敌害中也只有相对的意义，虽然一般鸟类不敢贸然进攻毒蛾的幼虫，但杜鹃的口腔上皮却有着特殊的保护功能，因此它们专吃这些幼虫。

学海拾贝

箭毒蛙是全世界最著名的毒性动物之一；同时它身上有非常鲜艳的警戒色，箭毒蛙也是蛙中最漂亮的成员。

生命的传承 繁衍生息

地球上的生命从诞生起，就生生不息地繁衍着。在繁衍生息的过程中，原始的生命得到了进化，从而发展成为今天我们所看到的各种多彩多姿的生物体。无论时间如何流逝,唯有生命那永无止境的相传,才令这个地球绚丽雄伟。

↑螃蟹

在澳大利亚生长着一种喜欢蓝色的鸟，叫做园丁鸟。到了繁殖的季节，雄鸟为吸引配偶，会用树枝搭建一个巢，并用自己的唾液与蓝莓的汁液相混合，把鸟巢染成蓝色。如果雌鸟喜欢上这个鸟巢，它们就会住进来同雄鸟进行婚配。

其实，当动物生长发育到一定阶段时，为了沿袭生命，确保自己的种群不会灭绝，所有的动物都要生育下一代。要实现这个目的，动物就必须经历结婚、交配和生育等一系列过程。首先它们要经历一个寻求配偶的过程。为了能够找到自己中意的伴侣，它们就会使出浑身解数，通过各种各样的方式来表达自己的爱意，动物们的求爱绝技可谓是形形色色。

寻求伴侣时，座头鲸会毫不吝啬地唱起自己的特殊歌曲，这种歌曲是由一系列的长音符组成的，而且能不停地重复演唱下去，旋律奇异而美妙。

原来，貌不惊人的动物也有着丰富的情爱，它们的爱常常伴随着许多优美举动，那些用来表达爱意的可爱姿势、亲切态度与温柔动作，甚至会让我们人类惊叹不已。所有动物当中，鸟类在求爱时所表现的姿态是最多样、最美妙的。

↓座头鲸

处在交配期的雄鹈鹕用摇摆嘴的方式来炫耀自己，目的是为吸引雌鹈鹕和它在一起。有时，雄鹈鹕也会用长嘴叼来一些细小的枝条作为礼物送给雌鹈鹕，希望能讨它的欢心。雄企鹅是用卵石寻偶求爱的。要在冰天雪地里找到一块光洁的卵石非常难，雄企鹅往往徘徊一天至数天，才能找到理想的另一半。

蝴蝶鱼

在获得爱情之后，动物“夫妻”间的坚贞和恩爱也堪称典范。仙鹤雌雄成对，结为“夫妻”后，常在一起，绝不轻易分离。如果一方死亡，另一方终生不配，而且常常哀鸣，声调凄惨。蝴蝶鱼之所以有“海中鸳鸯”的美称，是因为它们总是成双成对地在珊瑚礁中游戏、玩耍，就好像陆地上的鸳鸯一样形影不离。如果伴侣肚子饿了，要去寻食，另一尾就会在它周围放哨。壁虎“夫妻”也是恩爱的典范，有人曾做实验用铁钉将一只壁虎钉在墙上，让它没法动弹。让人惊奇的是，这只壁虎的“妻子”非但没有离开它的丈夫，而且还每天送食物给它。

虽说动物之间的爱情是美好的，但是在异性数量有限的时候，动物们为了能够获得交配的机会，还会上演一幕幕的人生悲剧。在体能的角力中，各种各样的花招相继上演，它们和人类何其相像。为了爱情，甚至可以不惜生命， 为争夺配偶而展开决斗。但在展开决斗之前，它们大都先实施虚张声势的恐吓战术。动物们并不希望为情而死，它们只想把自己的基因遗传给下一代。

比起大多数鸟类平静而文明的婚配方式，蜘蛛、螳螂就残忍多了，因为雌性会吃掉它们自己的伴侣。真是不看不知道，一看吓一跳！自然界的动物种类繁多，生活环境多样，生活习性不同，它们展现在婚姻和交配上的情形自然也是千差万别、丰富多彩的。

学海拾贝

雄海马有一个“育儿袋”，雌海马将卵产入雄海马的“育儿袋”中，卵在袋内受精、孵化。当小海马发育完善后，雄海马就不停地摆动，使“育儿袋”的口被迫张开，一条条小海马便被喷了出来。

神奇的本领 再生术

相对于高级动物人类来说，似乎许多低级动物的生命更加顽强。当人类想尽办法进行异体的器官移植时，一些低级动物却拥有令人惊羡的再生能力，它们在失去身体某一部分后，能够再重新长出失去的那部分躯体。

蚯蚓就是一种特殊的再生动物。将一条蚯蚓在中间切成两段，它不但不会死去，相反会变成两条完整的蚯蚓。有人作过这样的实验，把两条蚯蚓分别切去前端和后端，连接起来竟可长成一条新的蚯蚓。更有人别出心裁，在一条蚯蚓的前半部分并列接上两条蚯蚓的后端，这样一来，便会长出了一个头两个尾巴的蚯蚓。

↑蚯蚓

壁虎、蝾螈也是再生动物。壁虎的尾巴断了可以重新生长出来；蝾螈的四肢缺损了也可以失而复生。

蜥蜴为了逃避天敌，通常会表现出许多求生的行为，其中令人印象深刻的就是蜥蜴的断尾自割行为。会断尾的蜥蜴，尾巴的尾椎骨都有许多断尾点，一受到外力挤压就会产生扭动而自割，断裂出的尾巴会持续扭动一阵子，可以分散掠食者注意而延长自己逃跑的时间。虽然蜥蜴逃跑时舍弃了尾巴，但对许多蜥蜴来说，非必要时它是不会随便断尾的，因为它的尾巴具有储存能量或帮助平衡的功能。

螃蟹的脚有八只，但它仍是十分爱惜自己的每只脚，只不过这种爱惜并不是体现在拼命保护每只脚上。相反，在搏斗中伤到脚的螃蟹，会迅速将自己的脚折去，断折处则会立刻分泌出一种透明的体液覆盖着伤口，使伤口凝固，然后从断口处又长出新的脚来。螃蟹以这样的方式，保持了自己脚的完美无缺。无论是螃蟹、蜥蜴还是壁虎，它们的再生能力都是局部性的。切掉它们身体的其他部位，再生能力并不能得到体现。

然而自然界中还存在一些动物，具有惊人的全身再生能力。这些动物通常更加低级。水螅的再生本领很强，身上每一块碎片，都能再生成为一个完整的个体。

海星的绝招是它分身有术。若把海星撕成几块抛入海中，每一个碎块会很快重新长出失去的部分，从而长成几个完整的新海星来。例如，沙海星保留 1 厘米长的腕就能生长出一个完整的新海星。由于海星有如此惊人的再生本领，所以断臂缺肢对它来说是件无所谓的小事。目前，科学家们正在探索海星再生能力的奥秘，以便从中得到启示，为人类寻求一种新的医疗方法。

海绵更是技高一筹，即使把它切成许多小块，每块都能独立生活，而且能越生越大。更为奇妙的是，即使把几种海绵捣碎过筛，再混在一起，同种海绵仍能保留着对整体的记忆，重新组成小海绵个体。

其实，人类也有再生能力。比如，人体皮肤受到一定程度的损伤，可以自动修复；献血后，可以再造弥补。但是，人体再生功能是很有限的，一旦手足缺损或器官受损，人类机体中的再生能力就无能为力了。

学海拾贝

海绵是最原始的多细胞动物，因其身体比较柔软，所以称为海绵。它们像泡沫塑料一样，全身千窗百孔，每一个小孔都是它们的“嘴巴”，海水从这些孔洞进入海绵体内，水在流经海绵体内时给海绵带来了丰富的食物和氧气，海绵代谢过程中产生的废物也随水流冲出体外。

海星

与生俱来 动物的亲情

骨肉亲情是天生的感情，不仅仅是人，动物当中的亲子行为也随处可见：大猩猩不停地帮她的孩子梳理毛发，以维持它们身体的清洁和舒适；鲸会不知疲倦地护卫着自己的幼鲸，以防它们受到伤害……

在自然界中，无论是哪种动物，在刚刚来到世界上的时候，都非常脆弱，它们的成长离不开父母的照料和哺育。自然界中，除了极少数像布谷鸟这样不负责任的“家长”外，几乎所有动物的父母都会给予自己的幼崽无微不至的照顾和庇护，并耐心地教会它们各种求生的本领。袋鼠总将它们的孩子放在特别的育儿袋中；鳄鱼会将它们的孩子含在嘴中；雌豹喜欢咬住幼豹的脖子，把它们叼起来……这些都是动物之间展现出来的让人动容的亲情。

鳄鱼妈妈下完蛋后，会一直守候在蛋旁，以防止饥饿的海鸟和其他动物来吃它们。在进行孵化时，鳄鱼妈妈会帮助小鳄鱼从壳里爬出来，然后把小鳄鱼含在嘴里，安全地放入水中。但不同于其他的卵生动物，小企鹅是由企鹅爸爸孵化出来的。企鹅爸爸把蛋放在温暖的脚背上，用肚子上的毛把它盖住。为了不让蛋滚落到雪地上，企鹅爸爸总要保持双脚的平衡，它们得将这种双脚捧蛋的姿势保持到第二年春天，直到小企鹅孵化出壳，非常辛苦。

↓袋鼠

任何动物，无论在人类眼中，它们的长相或是行为是如何凶悍还是残暴，但是在自

己的孩子面前，它们都是慈祥的父母。小象做错了事，象妈妈就会用象鼻子在它身上重重地打一下以表警示。不过，有时候象妈妈也会用象鼻子轻轻地拍打小象，那是一种爱抚的表现。獾妈妈为了让宝宝住得舒服，通常会把自己孩子的窝弄得很干净。它们定期给自己的洞穴换上新鲜的干草和叶子，有时甚至还在洞穴附近挖一个坑，作为卫生间。

为了能够更好地保护自己地孩子，动物妈妈们也想出了很多应对危险的妙招。为了专心致志地抚育幼崽，大熊猫妈妈一般一胎只生一个。它要把宝宝养育一年或更长的时间，当它认为宝宝完全可以独自生存，才放心让宝宝独立生活。在这之前，它一般走到哪儿就会把自己的宝宝带到哪儿。蝎子妈妈在小蝎子刚出生的头几天里，总是把小蝎子放在背上。要是有天敌逼近的话，它就会把带毒的尾巴弯过来，保护后背。这样，偷袭者就不敢再向小蝎子靠近了。鸻鸟妈妈一旦发现有天敌来侵犯它们的窝，便马上装出受伤的样子，把一只翅膀垂下来，好像断了似的，然后，一边无力地拍打翅膀，一边往远处飞。鸻鸟妈妈用这种聪明的办法把天敌从窝边引开，使幼鸟免遭灾难。在危急时刻，当捕食者靠近时，羚羊妈妈为了保护自己的幼崽，会主动站在自己幼崽和捕食者之间，以转移敌害的注意力。

在动物世界中，像这样对幼崽无条件付出的例子不胜枚举，它们把父母对子女那种呵护有加的亲密情感发挥得淋漓尽致。

学海拾贝

仙鹤夫妻在结为连理之后，就会立即搬草筑巢，共同给孩子建造安乐窝。在它们的宝宝出世之后，雌仙鹤负责产卵孵化，雄仙鹤就会在一旁警卫。小仙鹤出世后，它们又你来我往地寻找食物，精心喂养自己心爱的宝宝。

大象和自己心爱的宝宝

五花八门 交流信息

俗语说，"人有人言，兽有兽语"，人类能透过声音、通过语言来传达自身的想法。同样，每一种动物都有自己特有的交流方式，不一定是声音，它们的气味、活动都可以起到传递信息的作用。

动物的信息交流方式是五花八门的，其中有两类交流方式是我们比较常见的，即化学通讯和机械通讯。

化学通讯，如狗、虎等动物通过自己的尿液气味就能识别自己占有的领地或走过的路线。狐狸的"臭液"是它们最好的交流语言，它们利用体内分泌出来的臭气来表达很多意思，比如，标记领地、识别对方的性别、地位等级高低等。

还有蚂蚁，它们不会发出声音来交流。为了让同类知道自己的方位，它们需要在走过的地面上留下身体的气味，这样其他蚂蚁就可以很快地尾随在后了。除此之外，蚂蚁还会通过碰触角的方式来和同伴交流。外出的蚂蚁如果遇到食物，就会回巢报信，途中如果遇到同巢的成员就会用触角互相碰撞，然后再用触角闻几下地面，这样，食物的大小、存在的地方等信息就通过气味信息了解了。

在一个蜂群中，3 万只~5 万只蜜蜂分工不同、互不干扰地工作着，它们能有如此严密的组织，是因为蜜蜂之间是通过化学信

↓蚂蚁

号进行交流的。它们分泌出的一种液体，其作用相当于给其他蜜蜂传达命令。蜜蜂告诉同伴采集花蜜的信息，并不是通过翅膀的震动所发出的“嗡嗡”声，而是通过一系列含义不同的“舞蹈”来传达信息的。

蜜蜂

机械通讯，如海豚借助气管外的气囊系统，发出超声波。鱼类、海洋哺乳动物的主要沟通方式是发声，蓝鲸的“歌声”可高达 188 分贝，和火箭发射时的噪音不相上下。大象的交流语言是它们中的吼叫声，有时也会发出我们人类听不见的腹鸣声。这种低频率的声音能传到很远的地方，靠这种声音，雌象能传达出对中意雄象的爱意。

上面说到的这些声音人类通常很难听到，但还有一些交流方式是人类可以听见的。喜欢成群猎食的狼，会用不同的叫声和其他的狼交流情况以便更好地合作。但在四面环山的山谷中，回音会让这个策略失效以致传错讯息，所以，狼嚎是不会产生回音的。黑猩猩在不同的情况下都会发出同一种“呼呼”的声音，伴着声音的高低和不同的面部表情，表达不同的意思。成群的黑猩猩在一起时，它们都会用这样的声音来交流。大熊猫的叫声由 12 种比较清晰的声音组成，能够传达出占有领域、寻觅朋友、抚育宝宝、威胁、恐惧等复杂的信号。红嘴鸥也叫笑鸥，当雄鸥捕食回来时，它总要发出一种被称做“长啸”的叫声。尽管笑鸥们的叫声不断，又很相似，雌鸥仍能分辨出自己“丈夫”的声音。这使人想到：可能是那些雄鸥在飞回巢时呼唤了它们“妻子”的名字，所以，雌鸥能够区别它们。

可见，动物之间丰富的信息交流方式，能让群体中的成员之间保持行动上的一致和默契。

学海拾贝

箭毒蛙的皮肤的艳丽的色彩也是一种语言信息，它似乎是在警告敌人不要轻举妄动。因为它的皮肤会分泌一种有毒的液体，小动物们要是不小心沾到了的话，会因中毒而丧命。

生存之道 捕食技巧

食物是动物们维持生命的基础，所有动物，不管是强大的还是弱小的，不管是食肉的还是食草的，不管是水里游的、地上跑的还是空中飞的，都需要捕食。动物们在日复一日寻求食物的过程中也掌握了各种技巧和捷径。

生活在海洋里的海葵生有很多长长的触手，在它的触手尖端长有许多丝状的“刺细胞”。这些“刺细胞”是海葵捕食的秘密武器，它们可以喷出毒汁，麻痹经过身边的猎物。这是海葵为了获取食物而采用的手段。和海葵一样，生活在大自然中的动物们要获得食物，就必须具备各种捕猎技巧。

一般来说，强大的动物依靠自身奇特的身体构造，很容易地捕获到猎物；而许多在险中求生的动物则靠学习、积累下丰富的捕猎经验，用自己的智慧换来美味佳肴。

无毒的大蟒蛇对付猎物的方法是用身体将它们紧紧缠住，使它们窒息而死。大蟒蛇的力量非常大，可以在一分钟之内用身体将一头羊、一只猪或者一头鹿勒死。

花豹

生活在北极的北极熊最喜欢吃海豹，而海豹常常潜到浮冰之下，只是偶尔在浮冰之间的通气孔中透气。因此，北极熊会长久地守在这些通气孔旁，只要海豹一浮出洞口透气，它们就迅速地用前掌击碎海豹的头骨，然后将其拖出

水面饱餐一顿。

花豹有一种本领无人能及，就是能在捕获猎物以后将其拖到树上。一只花豹可以把与自身重量相同的羚羊拖到树枝间，以免被其他的掠食者或食腐动物发现。

靠捕食海洋鱼类为生的海鹦，是世界上潜水本领最强的鸟类。在捕鱼时，它们能轻松自如地潜入几十米甚至两百米深的海水中，直到捕捉到的鱼儿足以填满它们那宽大的嘴巴时才会浮出海面。鹈鹕也是捕鱼的行家，对待猎物，它们常采取集体捕食的战术，众多鹈鹕发现一群鱼后，会自动排成一条直线，逐渐收缩成半圆形，并用翅膀有力地拍击水面，把鱼群赶到浅水处，然后共享美味佳肴。

雕是一类凶猛的捕食者，它们的黑色利爪又尖又长，向中弯曲，很容易抓住猎物，有时甚至将猎物捏得窒息而亡。白头海雕以捕食鱼类和其他一些小动物为生。它们还常常倚仗武力夺他人口中之食，有时它们逼着鸥等弱小的捕鱼鸟吐出猎物，或者在半空中逼迫一些较小的鸟放弃已经到手的猎物。

蛙类的舌头肥厚多肉，尖端分叉，并有丰富的黏液，它们就仰仗自身发达的舌头捕食。遇到猎物时，舌尖突然翻出，黏住食物，卷人口中。它们的口腔宽而扁，上颌和口腔的上壁有细齿，可以防止食物逃脱。它们的食管宽大而且有伸缩性，所以能吞下较大的害虫。

射水鱼则会向停在水边植物上的昆虫“射击”，它喷发出来一股股很急的水流，许多昆虫往往招架不住落到水里，就被它毫不留情地吞食了。

捕猎是动物世界中一个永不衰竭的主题，因为只有通过捕猎活动，食物链上的植物和动物才能得以维持正常的数目，生态环境才得以维持稳定的平衡。

学海拾贝

吸血蝠是一种以吸食动物血液为生的蝙蝠，它们专门在夜间寻找那些睡梦中的诸如牛和马这样的猎物，一旦有所发现，吸血蝠就会用它们的门牙咬掉猎物一块无毛的皮肤，然后用槽状的舌头舔食血液。

捕食的鹈鹕

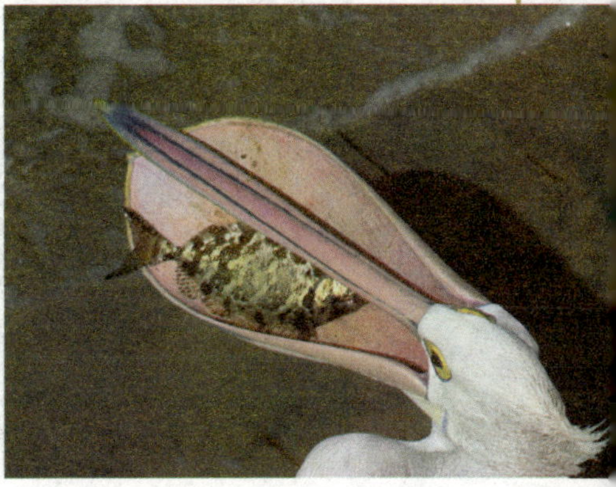

神奇的放电现象 生物电

早在公元前300年，人类就发现了物体能够摩擦起电的现象。不过，这是存在于非生物界中的电现象。那么，在另一个世界——生物界里，是不是也有电现象呢？人类对于生物电的研究始于18世纪。

1786年，意大利著名的医生兼生理学家伽伐尼在家中的小院里做实验，偶然发现挂在窗前铁栅栏的铜钩上的蛙腿肌肉每碰到铁栅栏时，都会猛烈地收缩一次。

伽伐尼认为这种引起蛙腿收缩的现象，是蛙腿带有“动物电”而造成的。那么，这种动物电又是怎么产生的呢？经过一番思考，他终于提出了历史上第一个对生物电的见解。他认为，青蛙的神经和肌肉是两种不同的组织，因为它们带有相反的电荷，所以两者之间就会存在着电位差，一旦用导电性能良好的物体把两者接通，就会有电流通过。在这个现象里，铁栅栏和铜钩恰恰在神经和肌肉之间起着一个接通电路导体的作用，于是由于生物电流的刺激，蛙腿肌肉才会收缩。

伏打是一位当时很著名的物理学家，他在观察和探讨事物时，习惯于从物理学的角度进行分析。当他多次重复观察伽伐尼的动物电实验时，发现了这个实验成败的关键在于其中的两种不同金属——铁与铜。

伏打提出，不同的金属带有不同的电荷，因此它们之间必有电位差存在，如果有导体在它们中间连接起来，就会有电流发生。伽伐尼实验中的蛙腿肌肉发生收缩，正是由于受到上述原因所造成的电流刺激

↓18世纪80年代后期，伽伐尼对青蛙腿进行实验的工具。

的结果。

不过若干年后，伽伐尼作出了一个说服力很强的实验，证实了“动物电”的存在，有力地验证了他的正确观点。他依旧用一个从腰部剪断了的青蛙做实验材料，撕去青蛙的下肢全部皮肤，把从腰部脊髓发出来的神经分离出来，然后将一侧膝关节下的肌肉切损。这时，如果把分离好的同侧神经与肌肉的切损处相接触，就会立刻看到同侧大腿的肌肉发生一次强烈的收缩。

伽伐尼这次新实验的成功，自然是对伏打见解的有力回击，因为它是在没有任何金属物体参加的情况下，同样也引起了肌肉收缩，这就确凿地证明了“动物电”的存在。伽伐尼为了把这次出色的实验，同他最初发现“动物电”的实验加以区别，特别把这个实验命名为“无金属收缩实验”。

今天，生物电已在科学上广为应用，我们最熟悉的是医生常通过测心电图来判别心脏病，用脑电图来诊断脑疾病。此外，生物电的发现也为人类揭开神经传导的奥秘作出了积极的贡献。

学海拾贝

伏打虽然提出了与伽伐尼不同的见解，并进行了反复钻研和多次实验，以求更有力地说服对方和证明自己观点的正确，但却最终发明了人类历史上的第一个人造电源——伏打电池。为了感谢伽伐尼对自己的重要启示，伏打曾把自己发明的电池，取名为“伽伐尼电池”。

电鳗是能够产生电场的鱼类，大的电鳗产生的电量甚至能将人击昏。

高级的神经活动 条件反射

“望梅止渴”这个成语我们都很熟悉，虽然并没有吃到梅子，但听到“梅子”这个词就会使人产生吃到梅子的感觉。在生物学上，这种现象叫条件反射。条件反射是后天获得的，是高级神经活动的基本调节方式。

条件反射是人出生以后在生活过程中逐渐形成的后天性反射，是高级神经活动的一种反射方式。巴甫洛夫的“条件反射学说”的建立，与其所进行的两项科学实验密不可分，正是在这两个实验之后，巴甫洛夫创立了其震惊世界的条件反射原理。

这两个实验中，一个是“假饲”实验：事先在狗身上做两个手术。其一是在狗的腹壁和胃壁上开一个小窗口，插入一个小金属管，一直通到胃内，然后把胃壁和腹壁分别缝合。这个小窗口叫做胃瘘。通过这个胃瘘可以把食物或其他物质直接放到胃里去；同样，胃里的东西也可以通过这个胃瘘流出来。其二是把食管在颈部切断一半，再把食管的断口缝到皮肤外面。这样，狗吃食物时，食物一吞下去就会从食管的断口掉回到食

巴甫洛夫实验

盘里，因此盘子里的食物永远吃不完，胃里面也永远是空的，而狗的胃液分泌却不间断。这个有趣的实验就是著名的"假饲"实验。如果把支配胃的神经割断，再进行"假饲"实验，就没有胃液流出来了。巴甫洛夫由此认定："假饲"实验之所以能使胃分泌胃液，是通过神经而联系的，是一种反射作用引起的。

另一个是用灯光代替食物引起狗的唾液分泌的实验。事先在狗唾液腺管上制造一个瘘管，把狗架在实验室的台架上。巴甫洛夫注意到，狗的唾液不仅在食物到了嘴里的时候分泌出来，而且在狗看到食物的时候也会分泌唾液。如果先开亮电灯或发出铃声，接着就给狗食物，并且这样重复几次，那么单在电灯发亮或者单有铃声的时候，狗也会分泌唾液。

当食物进入狗的嘴里时，位于舌黏膜中的味觉神经末梢受到直接刺激，兴奋就由这里传到延脑，又由延脑传到唾液腺，于是分泌唾液。这就是非条件唾液反射。不过，在味觉神经末梢没有受刺激的时候，也一样会分泌唾液，只是唾液分泌仅在一定的条件下才会发生，比如在看到食物外形、听到喂饲的铃声或有电灯发亮的时候。这就是条件唾液反射。这儿的声音、亮光对狗来说是食物的信号，由此引起了唾液分泌。

巴甫洛夫分析到，人和高等动物神经系统的主要部分，包括脑和脊髓，合起来即中枢神经系统。脑保藏在头骨里面，脊髓保藏在脊柱里面。脑干是大脑两个半球跟脊髓连接起来的桥梁。大脑两个半球的下面，有一个小脑。由脑干和脊髓的两侧分出神经纤维束，最后分成无数极微小的神经纤维。所以神经纤维束，是由许许多多神经纤维组成的，在一条粗大的神经纤维束，内可能有几十万条神经纤维。这些神经纤维分布到全身的各部位，支配着人和高等动物体内每一个器官、每一个组织的活动。整个神经系统在大脑两个半球的统一领导下进行各种各样的协调活动。

狗在没有看见食物的情况下，受到特定刺激时也会不由自主地分泌唾液。

学海拾贝

条件反射形成的机制尚未完全清楚，可能是传入的非条件刺激信息和条件刺激的信息，在各级中枢之间建立了暂时性的功能联系。在人类和高等动物这种暂时性功能联系，必须通过大脑皮层才能建立起来。

生物繁殖的革命 克隆技术

绵羊多莉是人类通过成年体细胞克隆成功的第一只哺乳动物。它的出现打破了生物界中的自然规律，揭开了分子生物学领域崭新的一页；同时，体细胞克隆技术也为将来从培育细胞的角度治愈不治之症提供了可行的思路。

1997年2月23日，科学界发生了一件举世瞩目的大事。一位科学家宣布：他和他的科技小组，运用克隆技术，从1994年~1996年间，经过247次反复实验，终于培育出世界上第一只克隆动物。这只可爱的小绵羊取名“多莉”，这是一个前所未闻的事情，整个世界为之轰动！

以前，国际生物学界普遍认为，无论是在动物还是植物的任何一个细胞内，都包含着整个生物体的所有遗传密码。然而，对于哺乳动物而言，其体细胞在胚胎期之后，就会失去繁殖特性。这也就是说，虽然成年哺乳动物已经高度分化的体细胞同样包含有该生物整个的遗传信息，但是在目前的科学技术水平和条件下，科学家还无法使其内在的发育成整体的遗传潜能释放出来。世界各国生物学家进行过的许多实验都已证明，在特定的条件下，尽管成年哺乳动物的体细胞具有再生的功能，但是这充其量只是原来的表皮细胞分裂出新的表皮细胞，原来的肌肉细胞分裂出新的肌肉细胞，等等，而不可能是由某种细胞分裂出完全不同的细胞类型的细胞。

自20世纪70年代以来，许多国家的科学家经过努力已获得了克隆青蛙、克隆猪、克隆山羊乃至克隆猴等技术，但是这些克隆动物都是通过胚胎细胞进行的核移植，还算不上真正意义上的无性繁殖。因为胚胎细胞本身是通过有性繁殖产生的，其细胞核中的基因组，一半来自父本，一半来自母本。克隆羊多莉是采用已高度分化的体细胞进行的核移植，它的基因组全部来自于其母本，这才是真正的无性繁殖。

多莉的出世的确有着非同寻常的意义，这一生物工程学的重大成果预示着它蕴藏着良好的应用前景。应用这种技术既能克隆出绵羊，当然也就能克隆出其他动物。它可帮助人类培育出众多的优良作物和家畜品种，从而带来巨大的经济效益；在拯救濒危珍稀动物方面显然也能得到极为广泛的应用。

但是，克隆绵羊多莉的诞生也给人类提出了一个十分严峻的伦理道德问题。因为它揭示了这一无性繁殖技术最终被用于复制人类自身的可能性。有些科学家说，这在理论上已没有什么困难，在不久的将来，人类便可利用无性繁殖技术再造出基因性状完全一致的人。因此，人们一方面对这一技术的神奇和应用前景的广阔而感到兴奋不已，一方面又对这一技术所带来的伦理道德方面的问题而担忧。

学海拾贝

克隆技术可以用来大量繁殖有价值的基因。例如，在医学方面，人们正是通过克隆技术生产出治疗糖尿病的胰岛素、使侏儒症患者重新长高的生长激素和能抗多种病毒感染的干扰素，等等。

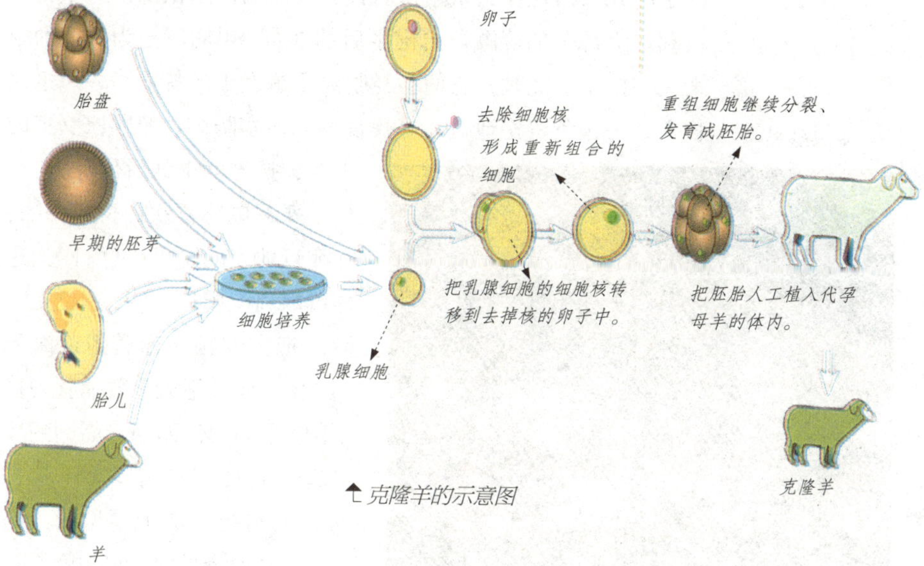

↑克隆羊的示意图

奇特的动物 裸鼹鼠

裸鼹鼠浑身上下几乎没有毛发，皮肤青蓝色，一些微有点泛粉红，乍看像刚出生不久的小鼠，仔细一看，却发现它奇丑无比。但作为脊椎动物啮齿类中的一员，裸鼹鼠还有几项确实令人惊诧的奇特之处。

裸鼹鼠的外观常常会引起人们的恐慌，没有皮肤的外表，几乎退化的眼睛，仿佛就像神话故事里的怪物。可是这种丑陋的哺乳动物却引起了动物学家的极大兴趣，他们深入研究了裸鼹鼠后发现，这些小家伙有许多独一无二的特点。

裸鼹鼠是迄今发现的唯一像蜜蜂、蚂蚁等昆虫一样社会性生活的哺乳动物。裸鼹鼠的群落中只有一只雌性裸鼹鼠女王和固定的几只雄性裸鼹鼠繁殖后代，其他的裸鼹鼠都没有生育的权利。大部分的裸鼹鼠自出生后的 3 周~4 周就沦为低等的奴隶——鼠工。此时，它们已经脱离了鼠女王的抚养，一边迅速长大，一边负责挖地道、寻找食物、侦察防御，照顾鼠女王的生育，抚养女王的后代等。

↓裸鼹鼠

裸鼹鼠还喜欢拥挤成一团，在靠近地表的洞里待着。因为这样可以离太阳近一些，这也是它们总把家安顿在赤道附近的原因。裸鼹鼠和绝大多数哺乳动物不同，它们的体温随着周围的环境起伏很大，是冷血动物，这在哺乳类动物中属于罕见的。因此，当气温降低时，它们就要互相拥挤着取暖，以保证体温不至于丧失太多。

裸鼹鼠虽然看名字感觉是浑身没有毛的动物，但其实它并不全裸。在它们的身体两侧，还长着一些像猫的胡须一样的长毛。这些长毛是灵敏的触须。由于裸鼹鼠常年生活在地下，眼睛近乎失明，所以这些触须可派上了用场。它们前行或后退，都是依靠触须碰触隧道壁而移动的。

裸鼹鼠最大的特点就是没有痛觉，尤其对酸和辣，它们都感觉不到。这个现象引起了一些科学家的兴趣。他们想：既然裸鼹鼠的触觉如此敏感，它们的皮肤中会不会含有什么特殊成分？实验的结果是在裸鼹鼠的皮肤中少了一种基本的化学物质——P 物质。

几乎所有哺乳动物的皮肤中都含有这种物质。凭借 P 物质，动物能够将身体各处的痛觉迅速传递到大脑，而大脑会作出反应，感觉到疼痛。

痛觉虽然很讨厌，但对动物的生存却是至关重要的。例如，如果我们对热产生的痛失去了知觉，碰到炽热的物体不知道缩手，那么皮肤就会被烫伤。那么是什么原因让裸鼹鼠丧失了 P 物质，变得不怕痛了呢？

由于裸鼹鼠终年在地下生活，呼吸时产生的二氧化碳很难排出去。尤其在使劲挖地洞的时候，呼吸量加大，二氧化碳囤积在地洞，造成类似“酸雨”的环境。这样的环境对它们的皮肤、鼻子、眼睛和嘴内的黏膜组织是一种很强的刺激，会使任何动物产生难耐的灼烧感。所以，裸鼹鼠倾向于将皮肤中传导痛的 P 物质摒除掉。

在裸鼹鼠身上的发现对于一直在寻找止痛药物和方法的人类来说，无疑是一种绝好的参考。一旦人们将裸鼹鼠的止痛绝招运用于受尽疼痛折磨的病患处，很多人将从此摆脱可怕的苦痛。

学海拾贝

裸鼹鼠虽然视力不佳，但却能依靠发声来彼此联络，由此进化了发达而独特的联络方式。它们能够发出 18 种不同的声音，最常见的是温柔的“唧唧”声，在个体之间亲密接触时，使用最多。

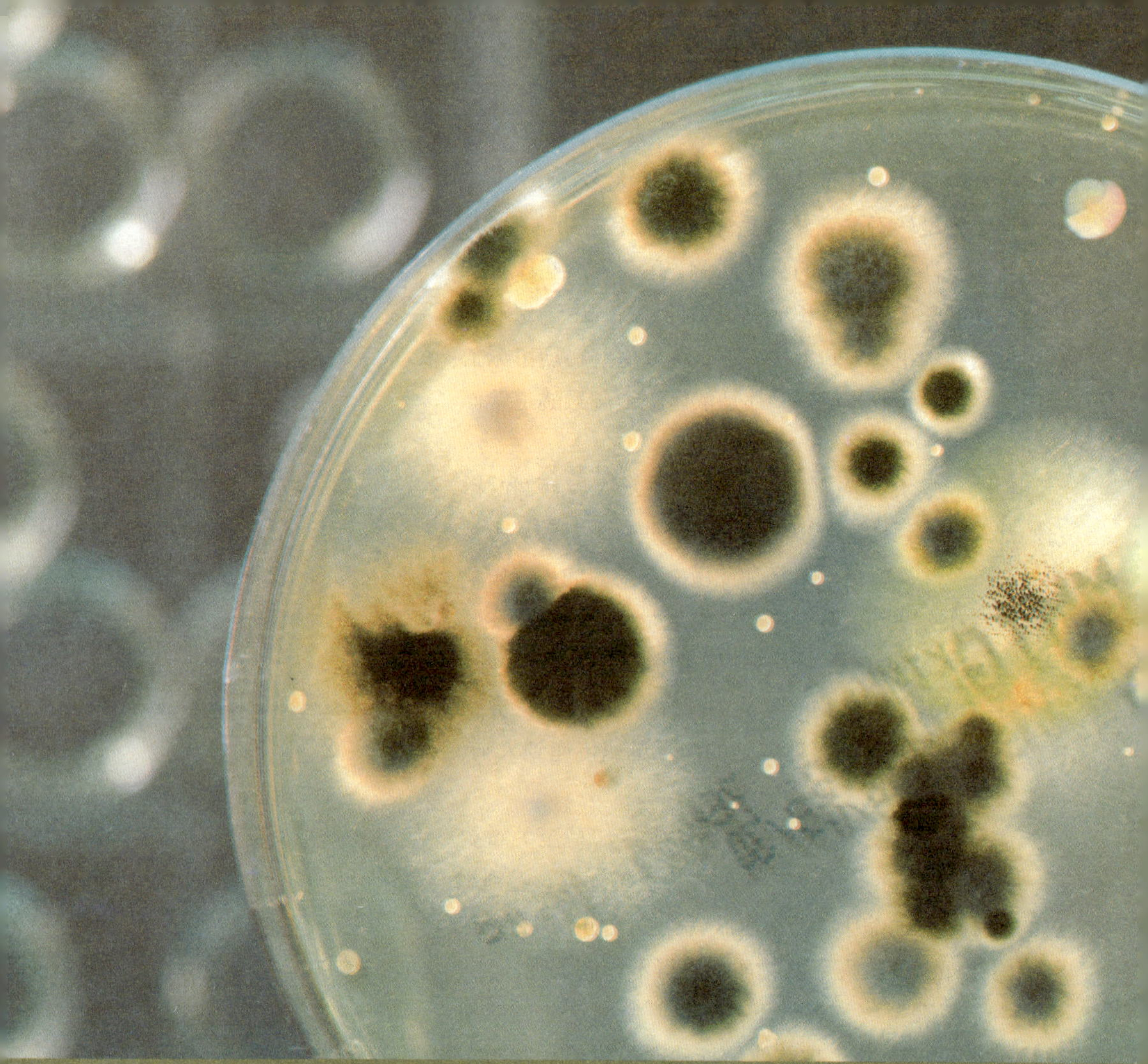

第四章 *Di-si Zhang*

微生物

Weishengwu

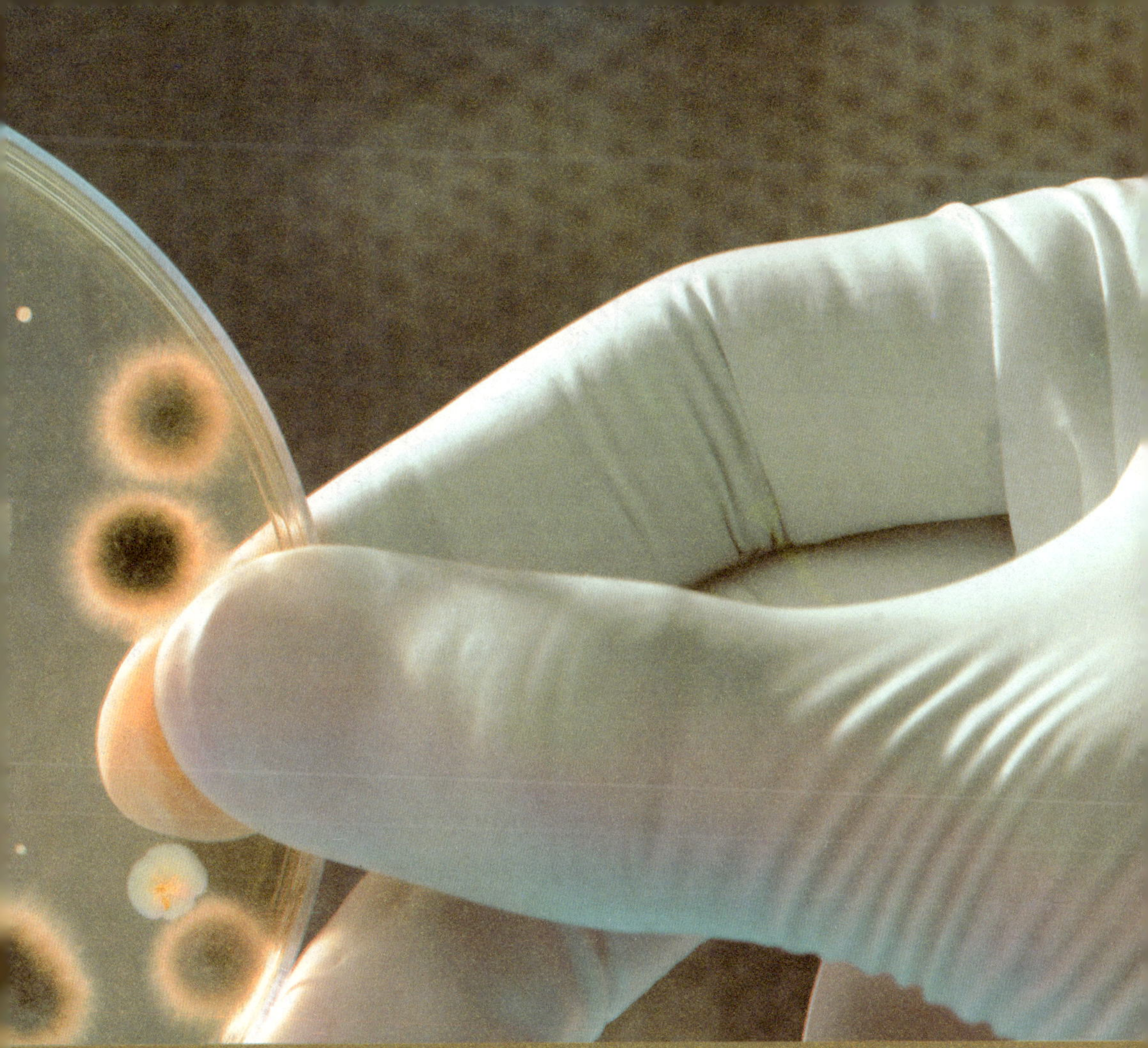

在大自然中，生活着一大类用人的肉眼看不见的微小生命。无论是繁华的现代城市、富饶的广阔田野、人迹罕见的高山之巅还是辽阔的海洋深处，到处都有它们的踪迹，这就是微生物。它们和植物、动物共同组成生物大军，使大自然显得生机勃勃。

最古老的生物 原生生物

当地球还是一片沉寂的时候，微生物已开始了它们在地球上的新生活。微生物一统天下几乎数亿年，才陆续出现了植物、动物和人类；而原生生物就是众多微生物的一种，它也是地球上最古老的生物之一。

资格最老的原生生物躲过了所有的自然大灾难，一直无声无息地度过了漫长的岁月。尽管人们早已利用这些奇妙的生物来酿酒、造醋，但由于它们的“渺小”，在相当长的时间里，人们一直不知它们“长相”如何。直到300年前，列文虎克制造出第一架放大200倍的显微镜时，才第一次看到了原生生物和它所属的微生物的本来面貌。

假如把地球演化到今天的整个过程算为一天，地球诞生是24小时中的一个点，那么，地球的首批“居民”——厌氧性细菌在早晨7点钟降生，午后1点左右，出现了好氧性细菌，鱼和植物产生于晚上10点，而人类需要在这一天的最后1分钟才出现。所以我们说微生物是地球上最早的“居民”。

↓草履虫

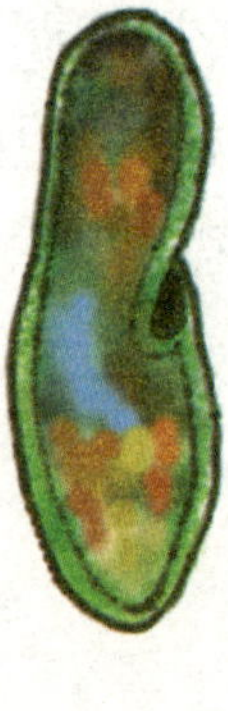

17世纪，列文虎克第一个看到了微生物。他虽然没有上过几天学，但他却发现了比哥伦布发现美洲大陆更加神奇的新世界——微观世界。

列文虎克总是喜欢用自己制造的显微镜来观察东西，他观察过的东西有小虫、小石头、肉类、种子、蚊子的后腿、甲虫的硬壳等，真是五花八门、无奇不有。他在惊叹微观世界神奇景象的同时，还不忘根据观察精确地描绘出这些被观察物的形状。

可是，当他把身边和周围能观察的东西都看过之后，便又开始不满足了。他觉得应该再深入细致地观察更小的东西。于是他把家中的空房改做了实验室，开始认真地磨制透镜。几年后，列文虎克的显微镜不仅越来越多，而且也越来越精巧和完美了。

列文虎克并没有接受过自然科学的系统教育，因此他在观察的对象上不免有些盲目和无顺序。在观察过程中，他遇到了许多令人惊奇的多种多样的新形态，所以他很渴望用生物学的专门知识来判断自己所看到的到底是什么东西。

1675 年，他在青蛙的内脏中发现了寄生的原生动物，当时引起了动物学界的极大兴趣。这些寄生物就是引起人类众多疾病的无形杀手。从此，人类对于层出不穷的传染病有了一个初步的认识。传染病不再是可怕的了，它们都是由这些小型寄生物引起的。

后来，雨水成了列文虎克的观察对象，他曾描述道："我用四天的时间，观察了雨水中的小生物，我很感兴趣的是，这些小生物远比直接用肉眼所看到的东西要小到万分之一……这些小生物在运动的时候，头部会伸出两只小角，并不断地活动……"雨水中的小生物其实就是原生生物。

1683 年，列文虎克在人的口腔牙垢中观察到一种生物，他惊奇地发现它比他以前发现的微生物还要小。由于他的显微镜还不能完全清晰地看清这些生物，因此他的描述和绘图还不够准确。这种生物在200年后才被人们真正认识到，它们就是大名鼎鼎的"细菌"。

学海拾贝

原生生物大都是单细胞生物结构，具有有性生殖，使后代的重组类型增多。原生生物由原核生物演化而来，是植物、真菌、动物的祖先。

原生生物

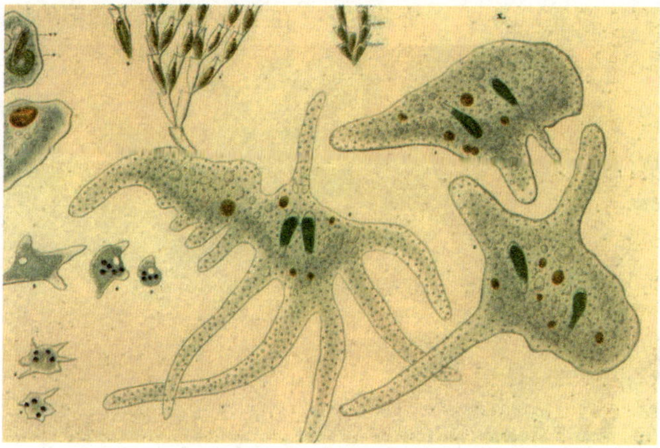

庞大的家族 真菌

在雨后的树林中，我们常常能发现许多蘑菇。蘑菇是真菌的一种，真菌通常分为三类，即酵母菌、霉菌和蕈菌（大型真菌）。常见的大型真菌有香菇、草菇、金针菇、平菇、木耳、银耳等。

在微生物的家族中，真菌是最庞杂的一支队伍。它们种类多、数量大、繁殖快、分布广，与人类的关系极为密切。像灵芝、香草、蘑菇、木耳之类，已经大到人人可见。就是真菌中最小的酵母菌和霉菌，与细菌、放线菌相比，也要大几倍到十几倍。除了酵母菌和根霉、毛霉外，其他所有的真菌细胞中出现了真正的细胞核，所以从酵母菌开始便成了真核生物了。

目前，在大自然中已经发现的真菌有十多万种，因此真菌所蕴藏的经济上的潜在能力是巨大而多样的。作为食品，如蘑菇、木耳、银耳等，营养丰富，利于健康，被喻为“上帝的食品”；作为药物，如灵芝、多孔菌等，是名贵中药和抗癌药物的资源之一。在工业生产上，真菌的代谢产物如酒精、有机酸、核苷酸、酶制剂、甘油、脂肪和维生素等，种类繁多，用途广泛。有的真菌甚至能制造橡胶，合成高能量的发光化合物。当然，真菌有时也会给人类带来一定的危害，如能使大量的有机物、农副产品，甚至光学仪器和电器设备等霉

在雨后的森林中，蘑菇很常见。

烂变质，使人畜得病，作物减产。总之，真菌所形成的自然资源，还仅是一个刚被发掘的宝库。

在大型的真菌中，有长在树木上的银耳，像盛开的白色的鲜花；山林里的黑木耳，长得又肥又大；林间的蕈类，像撑着一把小巧的花伞。还有山上野生的灵芝，长得比大碗口还大；内蒙草原上的马勃，像一块大石头，直径有十几厘米，不过它是软的。

虽然有些真菌这样高大，但是它们毕竟不能算是高等的植物。因为真菌的细胞壁里还没有纤维素和叶绿体，这是它与植物细胞的重要区别。至于真菌究竟在地球上居住了多久，它们是怎样发生的，现在还没有完全搞清楚。虽然人们曾发现过一些真菌的化石，但对它的了解程度还是不够。目前人们的知识，还不能对真菌的起源和演化作出系统明确的具体结论。

在真菌中，有许多可以作为药用的菌类，例如有补中、固肾、益脾、补肺、止血作用的灵芝，有滋阴、补肾、润肺、强精、补血养神作用的银耳，能滋补、助消化、退热、利尿、消肿的茯苓，还有对消化道肿瘤有较好疗效，又可治神经衰弱、消化不良等慢性疾病的猴头，可以做止血外敷药的马勃，等等。

↑灵芝是一种比较珍贵的真菌。

学海拾贝

黄曲霉是一种常见腐生真菌。早在6世纪时，《齐民要术》中就有用“黄衣”“黄蒸”两种麦曲来制酱的记载，这两种黄色的麦曲，主要由黄曲霉一类微生物产生的大量孢子和蛋白酶、淀粉酶所组成。

←黑木耳

20世纪最伟大的发现之一 青霉菌

英国著名的微生物学家、科学家亚历山大·弗莱明由于一次幸运的过失而发现了青霉素。自问世以来，青霉素——这一突破性的成果，已拯救了亿万人的生命。如今，青霉素被人们誉为20世纪最伟大的发现之一。

第一次世界大战期间，英国著名的微生物学家弗莱明亲眼看见许多战士在伤口手术成功后却因败血症而死去，这让弗莱明感到很震撼。战争结束后，他开始着手寻找一种有效的抗菌药物，能够挽救那些因细菌感染而死去的人们。1922年，弗莱明发现溶菌酶能够消灭或溶解细菌，这一发现，鼓舞着他去探索抗菌作用更大的物质。

1928年，47岁的弗莱明完成了他一生中的伟大发现。一天早上，他像往常一样推门走进实验室，第一件事就是检查一夜间细菌的生长情况。他将一个个小碟子状的培养皿取出来，仔细观察，发现有一个培养皿里的葡萄球菌培养基发了霉，长出一团青绿色的霉花。可能是弗莱明不小心让空气中青霉的孢子飞到了他的细菌培养基上。这是实验室里常有的事，细菌被别的菌种污染后，培养皿上通常又会长出别的菌种。看来，这个培养皿里被污染过的菌是不能用了，应该倒掉，重新培养。弗莱明站起身来，准备将这些可恶又可怜的葡萄球菌刮入垃圾筒里去；但就在此刻，弗莱明转念一想："我倒要看看到底是什么细菌总是污染着我的培养皿，破坏我的实验？"于是他就拿起放大镜仔细观察起来。谁

弗莱明

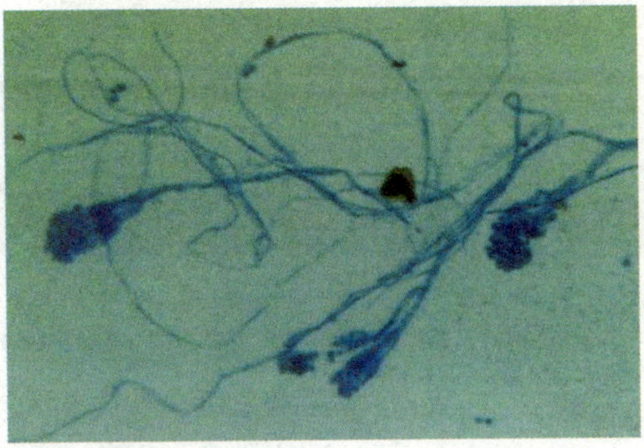

↑青霉菌

知道这一观察不要紧，弗莱明很快发现了一个有趣的现象：在青霉菌落周围，原来成片生长着的葡萄球菌菌落，现在都死亡了，这是为什么呢？按一般生物学家的解释，这是因为新菌夺去了培养皿上的养分，旧菌自然饿死。可是弗莱明不愿因袭这个传统观点，他想弄清这团青菌是怎样“打败”葡萄球菌的。

丝毫不敢耽误时机的弗莱明，将霉菌培养液仔细过滤，然后，把一滴过滤液滴进一个满是葡萄球菌的培养皿里，几个小时后，培养皿里的葡萄球菌全被杀死了。

弗莱明高兴极了，为了进一步验证青霉素的杀菌作用，他和助手作了大量实验。他们用肉汤培养青霉菌，让青霉大量繁殖，然后把肉汤过滤，得到了一种澄清的滤液。他们将过滤液稀释到各种浓度，试验于各种细菌。经过实验，当这种滤液的浓度为 1%时就足以杀死链状球菌；当浓度为 0.3%时可能阻止葡萄球菌的生殖；当浓度为 0.125%时，还可杀灭肺炎球菌。然后，弗莱明又找来一只家兔和一只白鼠，在它们的耳朵上和腹内分别注射了滤液，为的是试验这种菌对动物有没有毒性。结果出来了：家兔和白鼠并无一点不良反应。他又在人的血液内混上一点青霉素，结果也证明：这种菌对白血球并无杀伤作用。能杀死细菌并对动物体无害，这不正是千百年来人类苦苦寻找的灵丹妙药吗？弗莱明把这个人类发现的第一个抗菌素命名为青霉素。可以想象，对于饱受传染病之苦的人们，青霉素的发现该是一种怎样巨大的福音。

学海拾贝

在青霉素研制成功的鼓舞和启发下，世界各国的科学家纷纷进行研究实验，努力从各种微生物中寻找新的抗菌素。到 1950 年，人们先后研制成了链霉素、金霉素、地霉素、四环素等，并把这类药物统称为抗菌素。

微生物中的庞大家族 细菌

在微生物大家族中，细菌是我们比较熟悉的，它们的种类繁多，是所有生物中数量最多的一类。细菌广泛分布于土壤和水中，或者与其他生物共生，人体身上也带有相当多的细菌，所以说，细菌与人们的关系也很密切。

细菌是生物的主要类群之一，它的整个身体只有一个细胞。其个头比病毒大十几倍至几百倍，一般多喜欢在中性或微碱性的条件下生长繁殖，个别的也有嗜酸成性的，如醋酸杆菌和乳酸杆菌等。它们除极少数的成员靠寄生生存外，绝大多数都能独立生存。

细菌的形态结构虽然是一个单细胞，但没有成形的细胞核，只有一些核质分散在原生质中，或以颗粒状态存在。所以，科学家们称它们是原核生物。由于细菌形体微小，又属于菌类，所以我国的科学家给它们起名为“细菌”。

虽然细菌的构造简单，但菌体细胞的化学组成和大生物的细胞相似，倒是挺复杂的。菌体的原生质内含有水分、蛋白质、糖类（主要有肝糖、糊精、葡萄糖等）、脂类和无机盐类。菌体含有大量水分，约占细胞全部重量的75%~85%。它的身体含有碳、氢、氧、磷、钾、钠、钙、镁、铁、硫等各种元素。

大肠杆菌是寄生于人体大肠内的一种细菌。

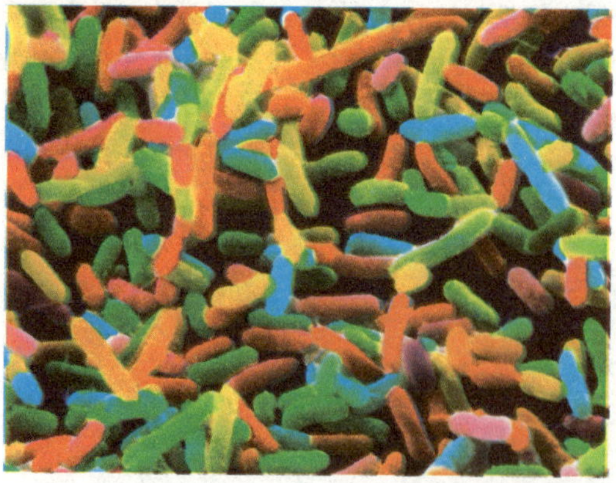

细菌会飞会走吗？在医院里工作的医生和护士，戴着雪白的口罩，是不是为了防止病菌从口

鼻钻进人体内呢？其实，多数细菌是不会运动的。但有些细菌的确会从口鼻进到体内，它们像坐飞机一般，黏在灰尘或飞沫上进入人体。只有一些杆菌（如大肠杆菌、伤寒杆菌）和弧菌，菌体上长着长而弯曲的细丝，有点像鬈发，它叫做鞭毛。不同的细菌，鞭毛的多少和着生的位置都不一样。鞭毛是细菌的“运动器官”，带有鞭毛的细菌，能在水中活泼地“游泳”。

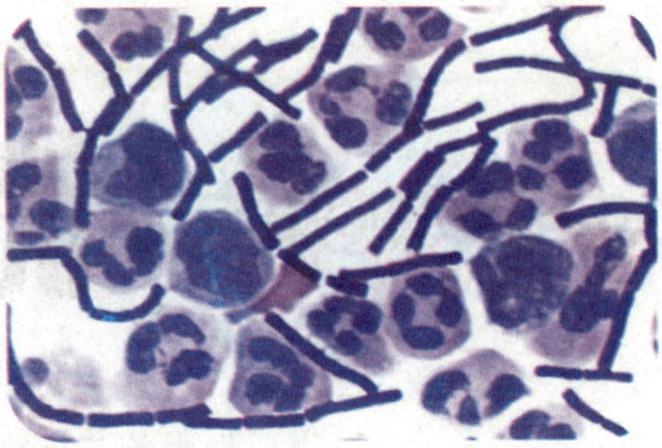
↑芽孢杆菌

小小的细菌，生活方式却不简单。它们除了要吸收营养排出废物外，还要进行呼吸。大多数细菌要吸进氧气，使体内的糖类氧化分解，并放出热能。如结核杆菌、白喉杆菌等这类细菌，喜欢氧气。空气充分时，它们才能很好地生活繁殖，人们叫它们好氧性细菌；而破伤风杆菌等细菌，却不喜欢氧气，在缺少氧气的条件下反而生长得更好，人们叫它们厌氧性细菌。但是，多数细菌要求并不严格，它们能生活在空气中，也能生活在缺氧环境里。如金黄色葡萄球菌、伤寒杆菌等，是兼性厌氧菌。

细菌繁殖后代的方法是采用二分裂法，即 1 个分裂为 2 个，2 个分裂为 4 个，依次无休止地继续分裂下去。因此，很难分清它们谁是母亲，谁是儿子。为了研究的方便，通常把细菌细胞每分裂一次，叫做繁殖一代。

细菌在自然界分布很广泛，与人们的关系也极为密切。例如，芳香扑鼻的酒类，调味品（食醋、酱油和味精），治病保健康的抗生素、酶制剂和氨基酸、有机酸等的生产，都浸透着细菌们的“辛勤汗水”。当然，有些细菌也能与人为敌，给人类造成极大的危害。

学海拾贝

有些细菌在干燥、高温、缺氧或化学药品等条件下，会减少菌体的水分，细胞质浓缩，并聚集在一起。

神奇的细菌 微生物发酵

微生物是地球上最早进化的生命，自人类诞生以来，它们就与人类以各种方式进行着交往。微生物发酵就是神奇的微生物——细菌创造的又一个奇迹。

早在公元前6000年，古巴比伦人就掌握了利用发酵酿造啤酒的技术，埃及人学会用发酵法制造面包则是大约在公元前4000年的事。据史料记载，中国在殷商时期就已经掌握了酿酒技术；到秦汉时期，学会了制酱技术；周朝时，学会了造醋。

到了宋朝，我国劳动人民已采用老的曲子——“曲母”来进行接种，还根据红曲菌有喜酸和喜温的生长习性，利用和控制有益微生物的生命活动，从而提高产量。

人们通常把古人利用自然发酵获得的啤酒、面包、乳酸、苹果酒等产品，看做是第一代生物工程产品。其产生的背景是人们对微生物的存在全无了解，更不知道微生物与发酵之间的联系，因此，古代发酵技术完全是一种经验性的操作。直到巴斯德等人开创的实验微生物学，人们才真正了解了古人发酵制酒造醋的原理是基于微生物的作用，而且对微生物的诸多功能及控制性利用逐渐有了大量的理论认识和实际操作能力。

啤酒

在古人对微生物经验性利用的基础上，产生了主观地利用微生物进行大规模微生物发酵工业的生产活动，工业微生物学也应运而生。经历了数千年，人们对微生物的利用才有了突破性的飞跃，这主要是基于其他学科的发展。如果没有光学显微镜的发现，微生物将仍然处于被人们视而不见的境地。它们的许多本领也不能在人们的帮助下被挖掘出来，发挥应有的作用。

我们可以简单地把发酵比喻成供给微生物食物，让它们生长繁殖，并各显其能，用它们的身体、它们的功能，为人类提供产品。发酵及其产品的获得，是一个包含生物学反应的工业过程，主角是微生物和微生物赖以生存的营养条件。微生物种类繁多，食性也很杂，淀粉、维生素、糠类、醋酸、石油都可以作为发酵原料。

面包

1896 年，德国化学家布赫纳从作为酵母压榨液的保存剂浓葡萄糖溶液中，发现了一个意外的现象：一个缓慢的发酵过程正在进行。他细心地观察每一个变化，认真做好记录。经过反复研究，发现这一发酵液中并没有酵母细胞的存在。接着，他又进行另外的实验：用乙醇和丙酮处理酵母细胞，将它杀死，结果发现处理后的酵母液仍然保持发酵的功能。这个实验说明：在没有酵母细胞的条件下也可以使酒精发酵。布赫纳随即发表了这样的结论：引起酵母压榨液发酵或杀死酵母菌后的酵母液仍保持发酵的物质是酶，是酒化酶在起作用。这一结论的发表，立即轰动了整个科学界。布赫纳将酵母细胞的生命活力和酶的化学作用紧密结合起来，推动了微生物和生物化学、发酵生理学和酶化学的发展，这是现代酶化学的开端。

就这样，科学家们在发现微生物能生产有用物质并研究找到批量生产的技术之后，又开发了所谓代谢控制发酵技术，使氨基酸、核酸发酵成为今天发酵工业最重要的领域。

学海拾贝

20 世纪末，随着 DNA 重组技术、基因工程、细胞工程、分子修饰与改造等新技术的发展而产生的发酵工程，是建立在传统发酵技术上的微生物发酵工业到形成具备现代生物特色的独立的工业体系。这其中凝聚着遗传学家、分子生物学家、细胞工程学家和微生物学家们的心血。

微型氮肥厂 根瘤菌

早在5世纪左右的北魏时期，我国人民就知道种植豆类作物可以肥田的道理。到现在，人们还在农业生产中广泛地应用着。那么，豆类作物为什么能肥田呢？其实，这是豆类作物中的根瘤菌在起着重大的作用。

将大豆植株连根拔起，你会发现一种有趣的现象：它的根不像其他植物的根那样光滑，而是长着许多的小圆疙瘩，这使得大豆根看上去仿佛得了癌症。其实，你没有猜错，那些小圆疙瘩就是大豆根上的瘤子。不过奇怪的是，大豆植株一点也没有表现出病态，它们反而精神焕发，长势良好。

↑固氮菌和根瘤菌

这些形形色色的根瘤，从外表上看并没有什么特异的地方，但是，就是这些平淡无奇的根瘤，竟然创造了自然界的奇迹。根瘤上的根瘤菌能固定游离氮元素合成含氮物质，为植物所利用。

其实，大豆还真应该感谢一种叫做固氮菌的微生物，是这些小家伙使它得到了充足的养分，为它提供了一座座微型的“氮肥工厂”。所以，科学家把根瘤比喻成小氮肥工厂，组成根瘤的每一个含菌细胞是工厂的“车间”，含菌细胞里的根瘤菌是车间里的生产氮肥的“机器”。不但大豆会长根瘤，像苜蓿等豆科植物也会长根瘤。它们与根瘤菌有着良好的互利互惠关系。根瘤菌能给植物提供必不可少的氮素营养，即使人们不给这些植物施肥，它们也一样长得好。豆科植物为根瘤菌提供水分和养料，根瘤菌为豆科植物源源不断地提供氮素养料。

我国古代人民很早就采取了将瓜类和豆类轮流种植的方法，以提高作物的产量，这就是沿用至今的轮种技术。

根瘤菌能将空气中的氮固定下来，转变成植物能够利用的氮素营养，这种现象叫做生物固氮。除了根瘤菌之外，能够固氮的微生物还有很多，它们固定氮素的方式也是五花八门。像根瘤菌一类，不能独立地行使固氮功能，只有与植物共生在一起时，才能有固氮能力，因此它们属于共生固氮微生物。还有一类是非共生固氮微生物，也称为自生型固氮微生物，它们可以独立行使固氮功能，其中包括一些细菌、放线菌、蓝绿藻等。

根瘤菌为什么会让植物的根长出瘤子呢？原来，它们侵入植物根部皮层和中柱鞘的某些细胞，引起这些细胞强烈分裂和生长，从而使根的局部膨大形成瘤状突起。

通过在分子水平上研究固氮微生物的固氮机理，人们了解到，固氮菌之所以能够固氮，是因为其体内含有一种特殊的酶——固氮酶，它能够使氮气还原成氨。目前，科学家已经搞清了一些与固氮功能有关的固氮基因，这样就可以在这些固氮微生物身上做许多文章。

20 世纪 80 年代，美国科学家曾应用基因工程技术改变了木樨和大豆根瘤菌的固氮酶基因，最终使这两种作物的产量提高了 15%。

学海拾贝

现在人类生产氮肥使用的化学方法不仅需要高温、高压等非常苛刻的条件，而且还浪费大量原料，氮分子的有效利用率很低。固氮菌每年从空气中约固定 1.5 亿吨氮肥，是全世界生产氮肥总量的几倍。

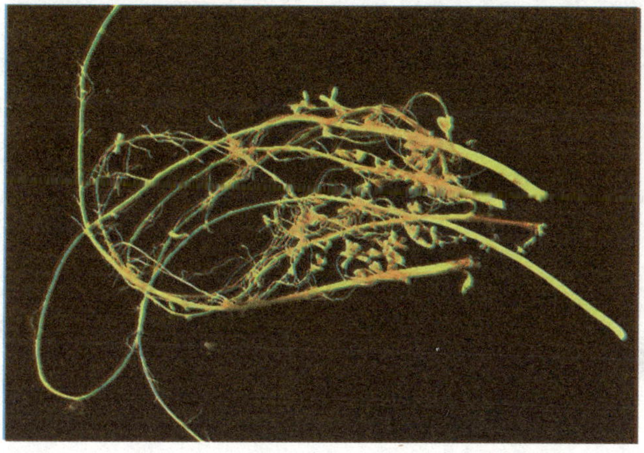

大豆的根上长满了大大小小的疙瘩，这些疙瘩就是根瘤。

最小的微生物 病毒

病毒是最原始的生命体，早在没有细胞之前就有病毒存在。同所有生物一样，病毒具有遗传、变异、进化的能力，是一种体积非常微小和结构极其简单的生命形式。人们只有借助电子显微镜，才能看清它们的真实面貌。

病毒学是一门比较年轻的学科，从病毒的发现到目前仅有百余年的研究历史。长期以来，地球上的人类、其他动物和植物遭受病毒病的折磨。

第一种有据可查的病毒病大概是由天花病毒引起的天花。在17世纪~18世纪间，欧洲曾发生过天花流行病。痘苗最初是用天花痘痂制成的，因此叫做“痘苗”。实际上它是用人工方法感染天花，所以危险性比较大。

1717年，英国驻土耳其大使夫人孟塔古在君士坦丁堡看到当地人为孩子们种痘以预防天花，效果很好，由于她的弟弟死于天花，她自己也曾感染，于是就给儿子种了人痘。这方法后来传入英国，得到英国国王的赞同。不久，种人痘法就盛行于英国，更由英国传到欧洲各国和印度。18世纪末，詹纳接种牛痘预防天花实验成功。

烟草花叶病毒

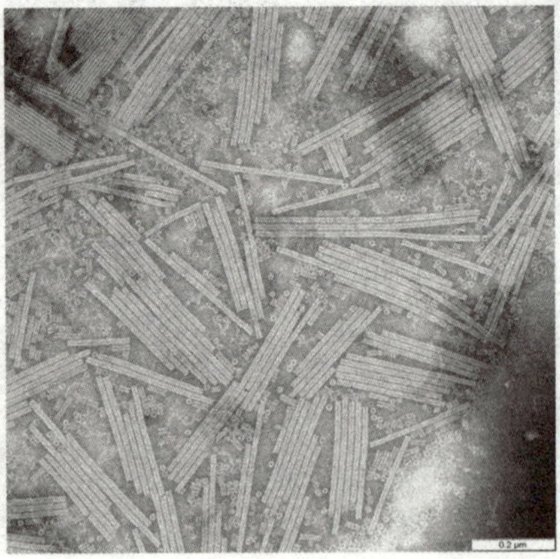

在病毒大家庭中，有一种病毒有着特殊的地位，这就是烟草花叶病毒。无论是病毒的发现，还是后来对病毒的深入研究，烟草花叶病毒都是病毒学工作者的主要研究对象。

100多年以来，烟草花叶病毒在病毒

学发展史乃至遗传学、生物化学以及当代基因工程中起到了里程碑的作用。时至今日，它仍然是病毒学工作者的宠儿。

1886 年，在荷兰工作的德国人麦尔被烟草的一种病态吸引住了，他把患有花叶病的烟草植株的叶片加水研碎，取其汁液注射到健康烟草的叶脉中，发现健康烟草也患有花叶病，证明这种病是可以传染的。通过对叶子和土壤的分析，麦尔指出烟草花叶病是由细菌引起的，他将其称为“烟草花叶病”。

1892 年，从事烟草病工作的年轻的俄国科学家伊万诺夫斯基重复了麦尔的实验，证实了麦尔所看到的现象，发现致病的病原不是细菌。但是，伊万诺夫斯基将其解释为是由细菌产生的毒素而引起。

同一时期，荷兰细菌学家贝哲林克同样证实了麦尔的观察结果，并同伊万诺夫斯基一样，发现烟草花叶病的病原能够通过细菌过滤器。但贝哲林克想得更深入，他把患有花叶病的烟草植株的汁液置于琼脂凝胶块的表面，发现感染烟草花叶病的物质在凝胶中以适度的速度扩散，而细菌仍滞留于琼脂的表面。

贝哲林克从这些实验结果中得出，引起烟草花叶病的致病因子有几个特点：能通过细菌过滤器；仅能在感染的细胞内繁殖；在体外非生命物质中不能生长。

根据这几个特点他提出这种致病因子不是细菌，而是一种新的物质，称为“有感染性的活的流质”，并取名为病毒，拉丁名叫“Virus”。

贝哲林克发现了烟草花叶病毒，从而开创了病毒学独立发展的历程。

学海拾贝

根据寄生的不同，病毒可分为动物病毒、植物病毒和噬菌体三个支系。如麻疹、流行性感冒病毒和鸡瘟疫病毒等属于动物病毒；大豆花叶病、烟草花叶病毒等属于植物病毒。

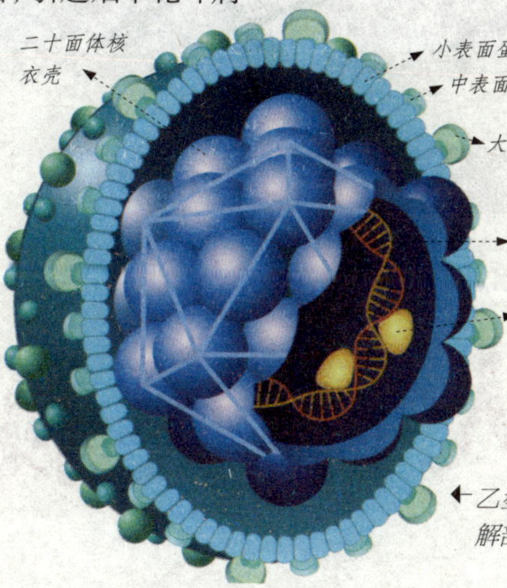

乙型肝炎病毒解剖图

第五章 *Di-wu Zhang*

人体奥秘

Renti Aomi

人类作为生物中的智慧群体，对于生物发展、进化、变异等问题的思考从来都没有停止过。当你走进生命科学的领域时，你会为你身体里的精细构造而惊叹。每一个细胞在恰当的位置努力运作，才使我们可以感知冷暖，自由活动。

永远的话题 人类的起源

我们来自哪里？我们发达的头脑和灵巧的双手是如何产生的？这些问题自人类诞生以来，就一直不断地被提出。从蒙昧的原始社会，到科技快速发展的文明社会，我们一直在探索关于自身的秘密。

世界上流传着很多关于人类起源的美丽传说。在古埃及神话中，是神的呼唤惊醒了人类。早在人类出世之前，就有一个全能的神存在，是他的一声声呼唤创造了世间万物。他说："苏比！"天地间就有了风。他说："泰富那！"天空就下起了雨。他又说："哈比！"于是一条大河从埃及流过，滋润了万物，这就是尼罗河……当他喊道："男人和女人！"埃及城内就出现了很多人。

在印第安的神话中，人类是神从地下带领上来的。在中国，民间也流传着女娲造人的传说。

当然，人们不能仅仅满足于神话故事，人们需要的是科学的理论依据。经过学者的研究，人类是从早期的无脊椎动物一步步进化来的。这些生物在进化中形成了很多分支，人类就是

人类进化的示意图→

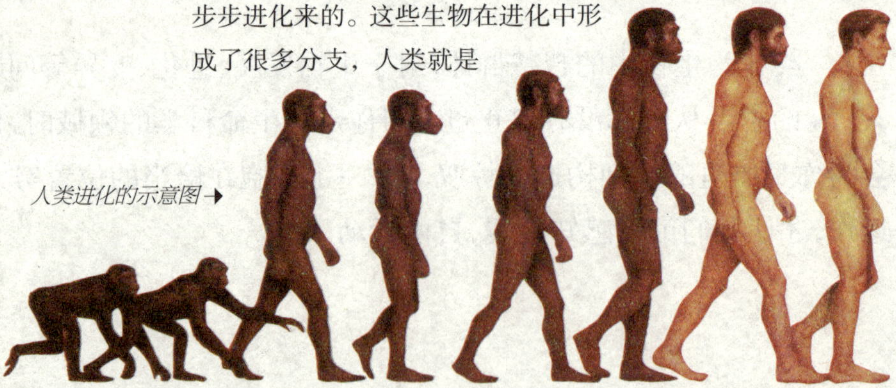

其中的一个分支。

↑原始人类的生存方式

制作和使用工具是动物走向人类的一大步。在距离现在200万年~300万年间，猿人就会用石头制作一些简易的工具。他们的样子和现代的人很接近，但还多少保留着一些猿的形象特征。他们制作的这些工具有明显的分工，有狩猎时用的，有分割猎物皮肉用的等。他们先齐心协力捕捉猎物，然后再利用削刮器把猎物分解。

刚开始，他们会直接把猎物生吃了。一次偶然的机会，天上一道闪电把他们居住的山林给引燃了。火的亮光和高温让他们感到恐惧，于是他们纷纷向外逃窜。大火烧了很长时间，终于熄灭了。他们又重新回到自己生活的地方，发现有很多被烧死的动物。这时已经顾不了那么多，饥饿的他们连忙抓起地上烧焦的动物就往嘴里送。没想到这次吃到的食物竟然比原先的生肉更美味。于是，他们保存下了火种，用于烹煮食物，还可以取暖。

慢慢地，他们的外形和现代人越来越接近了，脑容量也在不断增加。这使得他们制作出了更加精细的工具，也学会了用自己的双手来生火。而且，为了保暖或是遮羞，他们还用不同的材料来遮盖自己的身体。他们有用动物皮毛的，也有用树叶树皮的。到了大约5万年以前，人类已不再满足于自己单调的生活了，绘画、雕刻艺术已经有了初步的萌芽。他们会用一些特殊的物品来做装饰。

在几百万年的时光里，猿类就这样一步步进化为人类。神创造人的说法，只是人类的美好想法，因为当时还没有进化的说法，人们就只能依靠自己的想象了。

学海拾贝

达尔文在1871年出版的《人类起源与性的选择》一书中作了大胆的推测：非洲是人类的摇篮。20世纪50年代末期，考古学家在非洲肯尼亚和坦桑尼亚发现了370万年~70万年以前的大量人类化石。

生命活动的摇篮 细胞

除了病毒之外，地球上的所有生物都是由细胞组成的，可以说细胞是生命活动的摇篮。根据这个道理，人们创造了组织培养、克隆技术等高科技的生物技术，而这一切都是在细胞学说的基础上建立的。

“细胞”一词第一次出现在17世纪。显微镜刚刚问世的时候，物理学家列文虎克就在显微镜下看到软木薄片是由许多蜂窝状的小结构组成的。他将这些小结构命名为“细胞”。

18世纪是欧洲科学复苏的时期。由于那时人们对光学知识掌握得并不多，再加上当时玻璃制造技术还存在一定的缺陷，因此那时的显微镜成像很模糊，复式显微镜发展缓慢。相反，单式显微镜却在18世纪取得了极大的发展，不断推陈出新，涌现了很多现代单式显微镜的雏形，我们现在观察植物用的解剖镜就是在那个时候发明的。

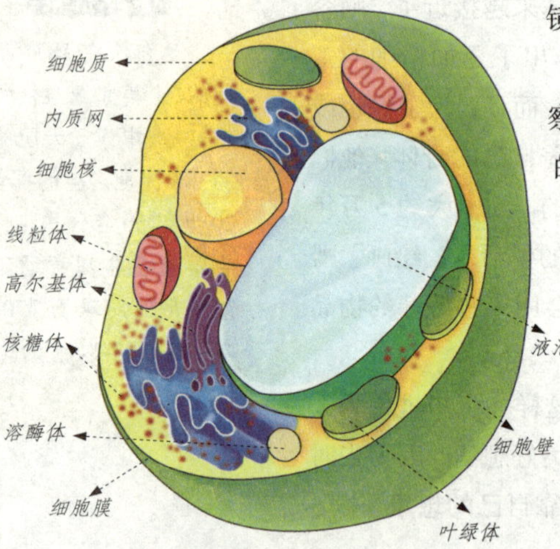

↑植物细胞结构图

随着显微镜的不断改良，人们观察到的东西也越来越细致。观察数据的不断积累使得细胞学说被正式提出。细胞学说与进化理论、能量守恒和转换定律一起被恩格斯誉为19世纪自然科学的三大发现。

细胞学说是由德国的两位科学家施莱登和施旺提出的。施莱登于19世纪30年代末开始研究细胞的形态及其作用。同年他发表了《植物发生论》一文。他在论文中提出：无论怎样复杂的植物体，都是由细胞组成的。细胞自己不仅是一种独立的生命，而且也作为植物体生命的一部分维持着整个植物体的生命。

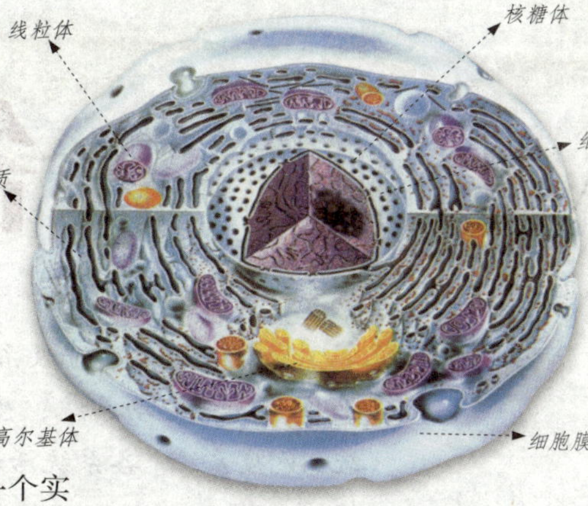

动物细胞结构图

在一次聚会上，施莱登把还未公开发表的《植物发生论》中对有关植物细胞结构的情况以及细胞核在细胞发育中的重要作用等方面的认识告诉了同在一个实验室工作的施旺，这引起了施旺的极大兴趣。

施旺回想起从前在观察蝌蚪背部的神经索和软骨时，发现它们都具有膜和核等结构。这使他意识到，也许在植物体起着生命基石作用的细胞，在动物体内也有着同样的作用。经过一系列的研究，施旺认为：无论什么组织，尽管它们在功能上是不同的，但它们都是由细胞发育而来或是细胞分化的产物。

1838 年~1839 年间，施莱登和施旺各自发表了对于植物细胞和动物细胞基本认识的专著：《植物发生论》和《关于动植物的结构和生长一致性的显微研究》。他们两个人取得完全一致的看法，创立了细胞学说。他们向世界宣布一切植物和动物都是由细胞构成的，细胞是生命的结构和功能的基本单位。

现在我们所提到的细胞学说的主要内容有：细胞是有机体，一切动植物都是由细胞发育而来，即生物是由细胞和细胞的产物所组成。

细胞学说在哲学上也具有重要的意义，它使千变万化的生物界通过具有细胞结构这个共同的标准特征而统一起来；同时它也有力地证明了生物彼此之间存在着亲缘关系，为生物进化理论奠定了基础。

学海拾贝

组成细胞的基本元素是：O、C、H、N、Si、K、Ca、P、Mg，其中 O、C、H、N 四种元素占 90% 以上。细胞化学物质可分为两大类：无机物和有机物。在无机物中水是最主要的成分，约占细胞物质总含量的 75%~80%。

人体有机统一体 各种系统

人体可分为：呼吸系统、消化系统、血液循环系统、泌尿系统、运动系统、生殖系统、内分泌系统、神经系统、免疫系统。各系统活动的密切配合共同构成了人体有机统一体。

人体免疫系统，不仅能抵御外来细菌、病毒和其他有害物质的侵袭，还能清除体内衰老、突变、恶化或死亡的细胞，保卫机体的健康。免疫系统由淋巴器官、其他器官内的淋巴组织和全身各处的淋巴细胞等组成。骨髓、胸腺、脾脏和淋巴结都是重要的免疫器官和组织。淋巴管像蜘蛛网一样遍布全身，沟通了淋巴结与全身组织的联系，使人体的每一个部位都处在免疫系统的监护之下。

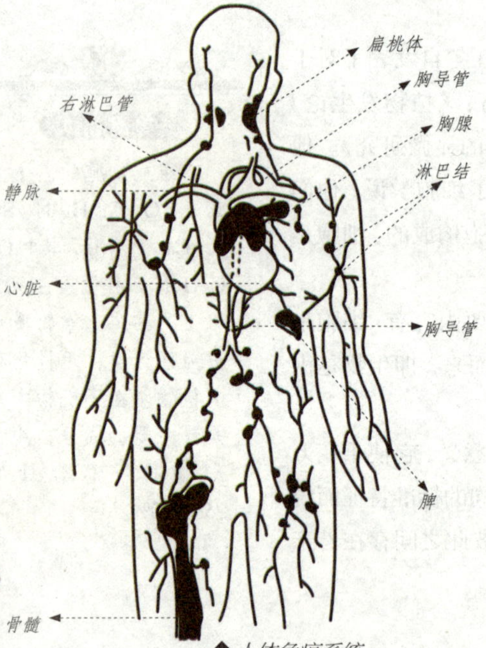

人体免疫系统

人体免疫系统任务相当艰巨复杂。它能分清敌我，凡是在出生前或在出生几天内，也就是在机体免疫系统发育还没有成熟时期，与机体免疫系统接触过的东西，都被认为是自己的；而在这个时期没有接触过的东西，就一律不是自己的，既不认识，也不接受，它会毫不客气地加以攻击、杀伤或排斥。因此，凡是不属于自身的或与自身性质不相同的东西（抗原性物质）一旦进入身体，就会引起一系列针对这个抗原的特异性的免疫反应。

神经系统是人体内最奥妙、最复杂的部分。它能传递信息，指挥人体的各种器官适应外界环境的变化。比如，下雨了，你会穿上雨衣或撑起雨伞；听到上课铃，你会拔腿向教室跑去……人的一切活动，都是由神经系统控制和指挥的。

人的神经系统是由中枢神经和周围神经组成的。中枢神经就是脑和脊髓。周围神经包括 12 对脑神经、31 对脊神经和许多植物性神经。周围神经在人体内密如蜘蛛网，遍布每一平方毫米的皮肤、每一块肌肉、每一条血管——也就是说，从人的头顶到脚趾到处都有神经分布。神经有粗有细，有长有短，要是把它们一一连接起来，总长度竟然可以围绕地球赤道 50 圈。

人每天吃的东西，要经过消化吸收后才能获得营养，并维持人体正常的生理机能，同时把残渣和废物排出体外，这个任务是由消化系统来完成的。

消化系统就是人体内对食物进行加工的营养系统，是由消化道和消化腺两大部分组成。消化道是一条弯弯曲曲的管道，长度约是人体长的 6 倍，包括口腔、咽、食道、胃、小肠和大肠等。这些器官，如同一个个车间连接而成的生产线，对食物进行连续的加工和推进。

在消化道的大部分管壁上都有平滑肌构成的肌肉层。这些肌肉的运动，一般不受意识的支配，只按一定的节律运动，因此，即使你在睡觉时，消化道也在运动。消化道管壁上平滑肌的有节律收缩和舒张，使消化道产生蠕动。蠕动好像江水的波涛，后浪推前浪，按一定的方向，缓慢而持久地运动着。蠕动可以将食物进一步磨碎并与消化液充分混匀，同时把食物按一定方向推进。

学海拾贝

神经系统对于消化系统具有重要的调节作用。当我们腹内空空时，一看到香美的食物就会口水增多，这时，不仅唾液分泌增加，其他消化液分泌也增加。当食物进入口腔后，在食物的刺激下唾液及其他消化液的分泌也会增加，胃的运动也发生变化，蠕动增强。

消化系统

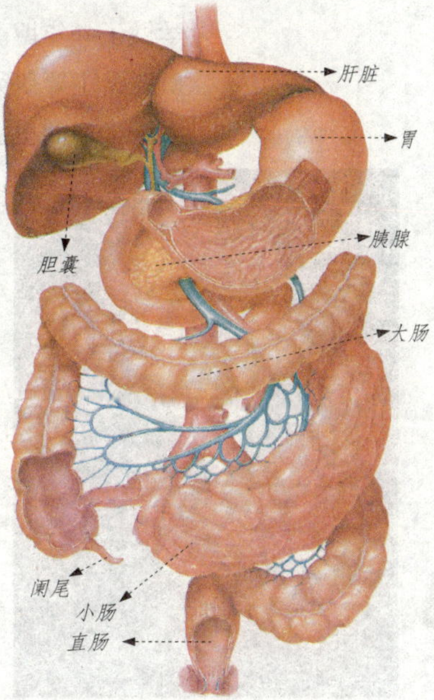

斯佩里的发现 大脑的秘密

斯佩里是美国神经生理学家，他的研究证明了大脑两个半球的功能具有显著差异，提出两个脑的概念，从而揭开了大脑的秘密。由于斯佩里在生理医学方面的卓越贡献而获得了1981年的诺贝尔生理学及医学奖。

1913年，斯佩里出生在美国康涅狄格州，11岁时，父亲去世，母亲担负起了培养斯佩里和弟弟的重担。斯佩里从小学习就十分努力，对生物有特别的爱好。青少年时代，曾经养过美国飞蛾，捕捉过野生小动物，并对它们进行了很仔细的观察，他还采集过生物化石。

1941年，斯佩里获得芝加哥大学博士学位，然后在哈佛大学做了一年博士后研究工作。从1942年起，他开始从事生物学研究，主要研究对象是精神学。1952年，斯佩里开始潜心研究大脑半球的机能。

↓斯佩里

神经学传统观念认为：大脑左半球占优势，是高度发达的半球，具有说、写、读、计算以及逻辑思维等功能；而大脑右半球是低级的半球，只有空间、形状、色彩等功能。

斯佩里是一位极富独创精神的人，他从不拘泥于前人的经验和理论，大胆地怀疑大脑左半球占优势的理论，并对这种理论提出了挑战。

脑半球之间是由胼胝体来连接和沟通的，这样就构成了一个完整的统一体。在正常的情况下，来自外界的各种信息经胼胝体传递，大脑的左右两半球就会息息相通，也就是说，人的每一种活动都是由两半球信息交换和信息综合的结果。因此，如果要比较两个半球的机能差异，就必须在确保两个半球的功能完好无损的情况下将两个半球之间的联系隔离开来。

很多年前，神经外科医生发现，切开大脑两个半球之间的主要连接物胼胝体，病人的智力几乎没有什么变化。从20世纪40年代起，这种手术一般都是用来治疗严重的癫痫病的，目的是为了防止癫痫病发作的时候从一个半球扩散到另一个半球——凡动过这种手术的病人被称为“裂脑人”。

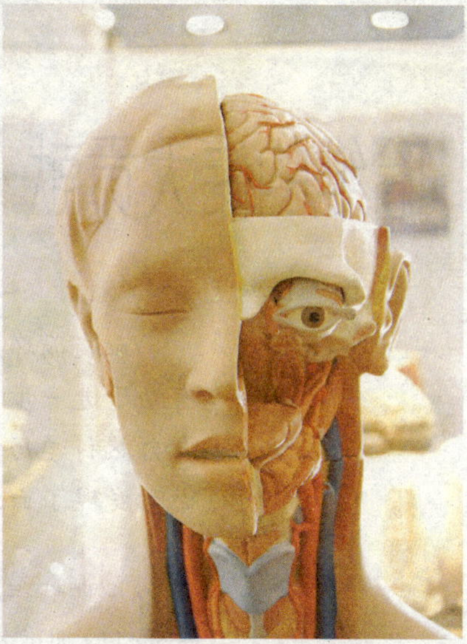

↑人体面部解剖图

对医学上裂脑手术的成功，斯佩里感到很兴奋，因而受到了启发。他认为，或许可以通过对裂脑人的研究找到大脑两个半球各自的功能。20世纪70年代后期，斯佩里把裂脑人作为研究大脑两个半球各种机能的研究对象。

他精心设计了一系列实验，对裂脑人进行了视觉、触觉、听觉、情感等方面的实验研究。这些实验的结果表明，左半球是语言区，而右半球只具有处理非发生语言的功能。人脑的两个半球在功能上高度专门化，且两者不对称。它们既互相独立又彼此互补。左半球主要负责抽象思维、符号解释和精细分析，擅长于说、写和数学运算；右半球主要负责空间、知觉和情感等功能，在理解立体图像和空间变化、感受复杂的声音和欣赏音乐、想象力和艺术创造力等方面显然优于左半球。这一观点推翻了100多年来左半球具有支配地位的传统观念。斯佩里还发现右脑具有自我意识和社会意识。他指出，现行教育体制过多重视左脑训练，忽视了右脑训练，因而他呼吁人们应加强右脑开发。

斯佩里的重大科学发现给大脑两个半球功能的传统观念画上了句号，并在世界医学史上占有极其重要的地位。

学海拾贝

20世纪40年代起，科学家对药物治疗无效的癫痫病人，采用切断胼胝体的办法。这么一来，癫痫病发作虽然停止了，但大脑两个半球却被分割开来，不仅信息不通，连行动也互不配合，于是形成了所谓的“裂脑人”。

哈维的伟大贡献 发现血液循环

血液循环是机体最重要的功能之一，对它的正确认识有助于进一步了解人体的其他功能。这一重大规律的发现在自然科学历史上意义非凡，恩格斯这样评价说："哈维由于发现了血液循环而把生理学确立为科学。"

血液循环是指血液在循环心血管系统在全身周而复始的运行，血液只有在全身循环流动才能发挥它多方面的功能。血液循环的规律，是随着医学的发展，经历了漫长的岁月，经过许多科学家的努力，最终才被完全揭示。

2 世纪~16 世纪间，欧洲医学界对心脏与血管联系的认识一直尊崇的是古罗马医生盖仑创立的血液运动理论。16 世纪，比利时解剖学家维萨里在自己的解剖实验中发现盖伦关于左心室与右心室相通的观点是错误的。但他因大胆挑战医学圣经而惨遭教会迫害。西班牙医生塞尔维特经过实验研究发现血液从右心室经肺动脉进入肺，再由肺静脉返回左心室，这一发现称为肺循环。塞尔维特已接近发现血液循环，但还没等他把研究继续下去，他就因触犯当时被教会奉为权威的盖伦学说而被教会判处火刑。所幸的是，塞尔维特关于血液循环的观点被英国医学家哈维继承和发展了。

↓哈维

哈维研究解剖学多年，他曾对 40 余种动物进行了活体心脏解剖、结扎、灌注等实验，同时还做了大量的人体尸体解剖。他积累了很多通过观察和进行实验而记录的材料，并开始怀疑盖伦的血液运动理论。

在深入研究了心脏的结构和功能后，哈维发现心脏左右两边各分为两个腔，上下腔之间有一个瓣膜相隔，它只允许上腔的血液流到下腔，而不允许倒流。哈维接着研究静脉与动脉的区别，他发现动脉壁较厚，有收缩和扩张功能；而静脉壁较薄，里面的瓣膜使血液只能单向流向心脏。结合心脏结构，这意味着生物体内的血液是单向流动的。

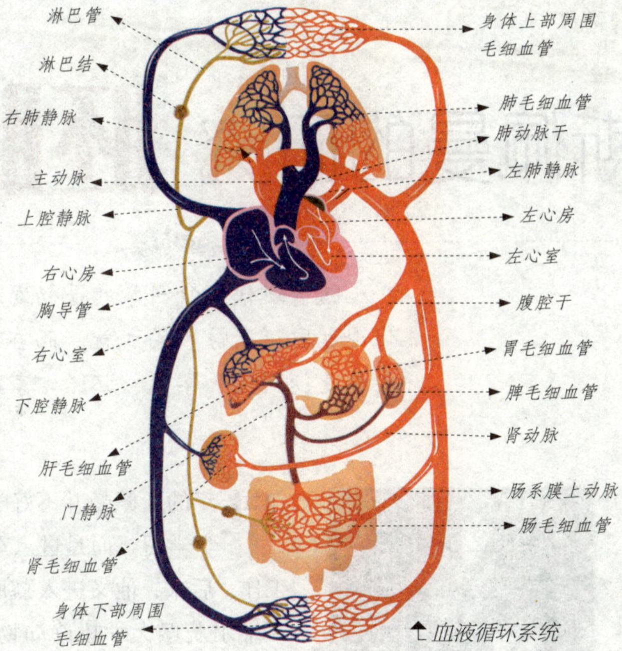

血液循环系统

为了证实这一点，哈维做了一个实验。当他用绷带扎紧人手臂上的静脉时，心脏变得又空又小；而当扎紧手臂上的动脉时，心脏明显胀大。这表明静脉里的血确实是心脏血液的来源，而动脉则是心脏向外供血的通道。体内血液的单向流动实验，证明了盖伦学说的静脉系统双向潮汐运动的观点是错误的。哈维的另一个定量实验更否定了盖伦的理论。他在进行心脏解剖时，心脏搏动以每分钟 72 次计算，那么左心室每小时注入主动脉的血液流量相当于普通人体重的 4 倍。这么大量的血，肝脏在这么短的时间内不可能造出这么多血液来。唯一的解释就是体内血液是循环流动的。

1628 年，哈维发表了《动物心血运动的解剖研究》，在书中他认为静脉血液流到右心室，然后进入肺里，在肺里变成鲜红的血液后流回左心室，从左心室进入动脉血管流遍全身，再流到静脉后回到右心室，完成一个循环过程。

学海拾贝

在哈维去世四年后，意大利科学家马尔比基揭开了血液从动脉流回静脉之谜。他用显微镜观察到青蛙肺部动、静脉之间的毛细血管，正是这些毛细血管把动脉和静脉连接成一个密封管道，使血液在其中循环不息，从而完全证明了哈维的正确推断。

斯佩曼的研究 胚胎发育

随着现代生命科学的蓬勃发展，胚胎学、遗传学与进化论也取得了惊人的成就。而在这方面取得最大成果的，要算是德国生物学家、胚胎学家斯佩曼了。

↑斯佩曼

早年的斯佩曼并不好学，中学毕业后没有进入大学学习，而是进入军队服役，退役后在出版社工作。后来，他又进入慕尼黑大学攻读医学，后又进入维尔茨堡大学攻读动物学、植物学和物理学等课程，于1894年获维尔茨堡大学医学博士学位。

1908年~1914年，斯佩曼担任罗斯托克大学生物学教授，这时他在学术界已经崭露头角。在研究胚胎发育中，他曾经观察到视网膜是由呈现小泡形的发育不全的脑形成的，接着转移到眼杯中，而眼的晶状体是由靠近眼杯的表皮派生出来的。这证明眼球能够诱发在表皮形成晶状体，而正常发育区则与晶状体的产生无关。这些研究揭示出，一个区域能对另一个区域产生诱发影响。于是斯佩曼提出了“诱导”概念，并指出这种诱导是整套的作用，它贯穿于胚胎发育过程的始末。

1914年，斯佩曼开始向两栖类发育的问题进行研究。在研究卵细胞分裂面的意义和第一批分裂细胞的发育潜能时，斯佩曼用一根婴儿的头发结扎卵裂夹断的蝾螈胚胎，从而以精确的实验方式证明了受精卵第一次分裂的细胞核是一样的，在发育能力上也没有差异。他还曾和曼戈尔德合作，利用所建立的一套方法和工具，进行了一系列的实验，发现两栖类动物原肠胚的背唇能起“组织者”的作用，除了自身向一定的方向分化以外，还能诱导其邻近的外胚层细胞分化为神经组织，共同形成由脊索、肌肉、神经管组成的中轴构造。

这个发现在实验胚胎学上开辟了新的途径，并对生物学的其他领域，尤其是对病理学产生深刻影响。斯佩曼把胚胎学理论建立在有机体各部分相互作用的基础上，建立在与生活环境紧密联系的基础上。这一理论使控制胚胎发育和改良动物品种成为一种可能。

1918 年，斯佩曼在这个发现的基础上提出了两栖类动物原肠胚的背唇具有“组织者”作用假说。他指出影响细胞命运的最大因素不是细胞本生，而是所谓“组织者”的组织和诱导，即“组织者”除自身向一定方向分化外，还能诱导邻近外胚层细胞分化为神经组织，共同形成由脊索、肌肉、神经管组成的中轴构造。

斯佩曼还是第一个进行人工双生实验的人，他使一个正在发育的卵一分为二，形成同样的双生。他又在哺乳动物身上使两个卵子同时人工授精，形成兄弟式双生。

此后，英国皇家学会组织了一个斯佩曼研究会，并于 1927 年邀请他去伦敦做系统的胚胎学演讲。他的理论今天已成为研究胚胎的主流。

学海拾贝

1938 年，斯佩曼提出除去一个未受精卵的核，并用一个分化细胞的核替代它的实验，他认为这个实验有可能解决以上的争论。但是，这个实验超出了他那个时期的技术水平。但现在这个想法变成了现实。在他提出核移植实验后近 60 年，多莉羊证实了他的想法。

人类的胚胎发育示意图

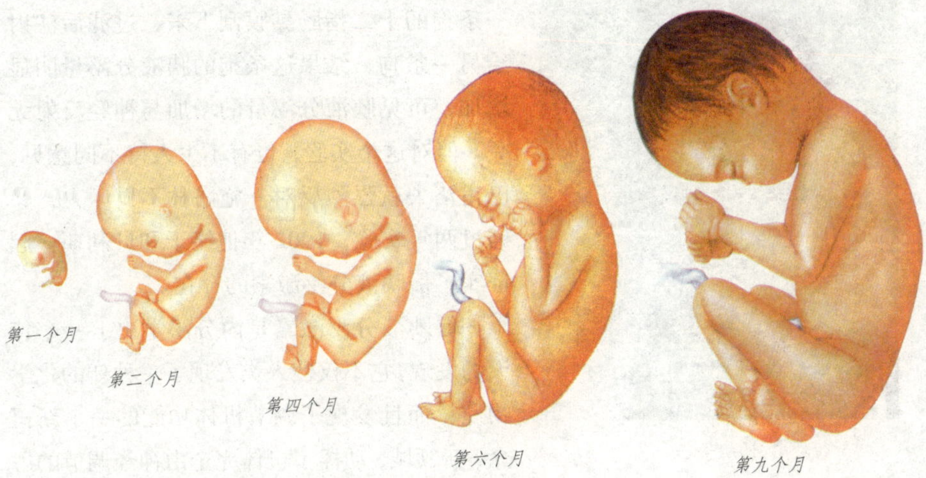

20世纪初的发现 激素

人和动物的内心分泌腺器官直接分泌到血液中去的对身体有特殊效应的物质被称为激素。激素控制着机体的生长及许多其他功能，但是人们一直到20世纪初期才真正地了解到它的真面目。

早在1888年，俄国著名的生理学家巴甫洛夫发现，如果把盐酸放进狗的十二指肠里，那么它可以引起胰液分泌量增加。他认为，这个现象是由于神经反射造成的。可是，实验中把神经切除以后，进入十二指肠的盐酸照样能使胰液分泌量增加。巴甫洛夫认为是神经没有去除干净的原因。当时还有好几个科学家也发现了类似的现象。但他们由于都拘泥于巴甫洛夫“神经反射”的概念，最终失去了一次发现真理的机会。

年轻的生理学家施塔林对这个问题也怀有极大兴趣。1900年，他以崭新的思想方法设计了一个实验：把一条狗的十二指肠黏膜刮下来，过滤后注射给另一条狗，结果这条狗的胰液分泌量明显增加，可见胰液分泌量的增加与神经反射无关。但对这个实验，也有不少人持不同意见，巴甫洛夫就强烈反对。施塔林不畏压力，又经过两年实验，1902年他终于和贝利斯一起证实了促胰液分泌激素的存在。

↑ 巴甫洛夫

促胰液分泌激素是内分泌学史上一个伟大的发现。它不仅使人类发现了一种新的化学物质，而且发现了调节机体功能的一个新概念、新领域，动摇了机体完全由神经调节的思想。他指出，除神经系统外，机体还存在着一个通过化学物质的传递来调节远处器官活动的方式，即体液调节。

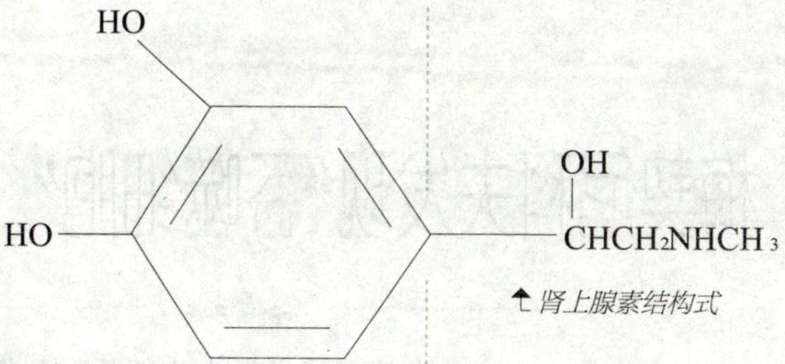

肾上腺素结构式

为了寻找一个新名词来称呼这类“化学信使”，施塔林于1905年采纳了同事哈代的建议，创立了“hormone”（激素）一词，音译“荷尔蒙”，用来指促胰液分泌激素这类无导管腺分泌的特殊化学物质。hormone源于希腊文是“刺激”“兴奋”的意思。从此，便产生了“激素调节”这个新概念。不久，另一位学者庞德又创用了“内分泌”一词。当然，从字义上讲，“激素”这一词今天看来并不完全令人满意，因为许多激素除了具有兴奋作用之外，还具有抑制作用。

施塔林并不满足于已有的成就，继续对激素深入地开展实验研究。他发现，当把一条狗的十二指肠黏膜刮下来，过滤后注射给另一条狗，这条狗在胰液分泌明显增加的同时，还会出现血压骤然下降的情况。原因是什么呢?不久，他把黏膜滤液中的组胺与促胰液分泌激素分离开来，发现组胺使血管扩张，外周阻力降低，所以有降压作用。这样，他终于得到了纯净的促胰液分泌激素，使激素的体液调节作用学说更具说服力。

自从1902年贝利斯和施塔林发现第一种激素以后，世界上出现了一个寻找激素的热潮，并由此拉开了人类探索激素这类微量物质的序幕。在这股热潮中，最引人注目的成果是1920年加拿大生理学家班廷在多伦多大学的英籍生理学家麦克劳德的帮助和支持下，与另外两位助手一起对胰岛素进行了提取、鉴定和制备。班廷和麦克劳德因为发现“胰岛素”而荣获1923年诺贝尔生理学及医学奖。

学海拾贝

许多激素作用缓慢，但肾上腺素却不同。如果受到惊吓或遭到突然袭击，人的肾腺会分泌肾上腺素，使心跳加速、呼吸加快、瞳孔散大等现象，以便随时采取行动。

梅契尼科夫发现“吞噬细胞” 白细胞

自从詹纳发现牛痘可预防天花的方法后，免疫接种实践日渐丰富。巴斯德发现病原菌后，传染与免疫的现象得到了广泛的认识。梅契尼科夫就是第一个在这个领域内进行研究、探索并取得成功的人。

早在18世纪末，英国人詹纳发现了接种牛痘可预防天花，为人类彻底战胜这种传染病作出了巨大的贡献，并为免疫学对传染病的预防开辟了广阔的前景。19世纪末，法国化学家、微生物学家巴斯德在研究人和动物的传染病时，曾分析过免疫现象。他在詹纳的启发下，研制了用减毒炭疽杆菌苗株制成的疫苗，以预防动物的炭疽病；还用减毒狂犬病毒株制成疫苗，用以预防人类的狂犬病。

1883年，俄国生物学家梅契尼科夫提出了一个关于人体免疫吞噬细胞的学说，以此形成了自己一生的研究主题。

有一次，梅契尼科夫在解剖生长在泥土里的一种类似蚂蝗的低等动物蛭时，发现这种蛭的肠内细胞能直接把食物吞噬掉。这种现象引起了梅契尼科夫的注意。接着，他在水螅类低等动物的胚体上，也找到了内部无腔隙的消化器官。经过反复观察研究，他得出结论：在动物进化过程中，最原始的消化器官没有明显的肠腔，细胞可以直接吞噬食物，为自身提供营养。

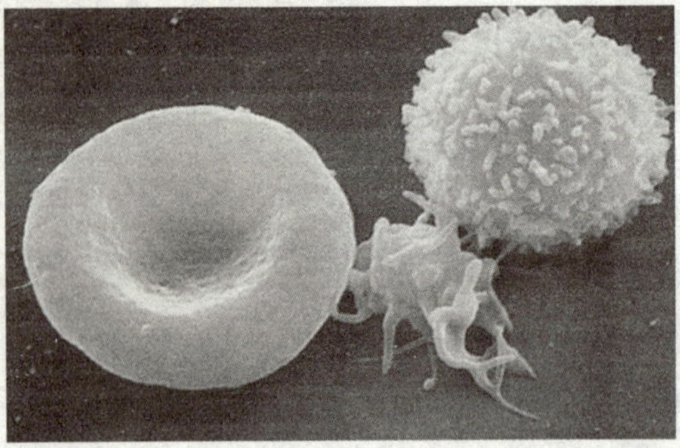

↑由左边开始的是红血球、血小板，白细胞。

他对变形虫进行了仔细的研究，

也发现了细胞内的消化现象。许多动物也有游走的吞噬细胞。这种细胞非常活跃，游走各处，吞噬、消化能力很强，比如，蝌蚪的尾巴突然消失而变成了蛙。这个尾巴是怎么消失掉的呢？其实就是被体内游走吞噬细胞所吞噬掉了。

梅契尼科夫

人体也有喜欢吞噬的细胞，这就是人所共知的白细胞。那时，对这种游走贪食的白细胞的作用，人们还是不了解的。巴斯德虽已指出，传染病是由外来的微生物引起的。但是，梅契尼科夫提出，同一种微生物为什么能使一部分动物或人得病，而却不能使另一部分动物或人得病呢？这个问题，巴斯德等人并没有解决。动物或人对微生物是不是有一种特殊的抵抗力？白细胞在这种抵抗力中起什么作用？这一系列问题使执著的梅契尼科夫坐卧不安，夜不能寐。

一次，他研究海星的幼虫，观察到那些游走的白细胞，确实有吞噬异物和机体损伤愈合的作用。这一发现，使他欣喜若狂，他高兴地抓住同事的肩膀说："我发现白细胞的奥秘了！"后来，他又通过实验证实：如果病原菌数目不多，就可能被白细胞完全吞噬、消灭，机体就不会患病；如果病原菌的数目过多，白细胞就不能全部吃掉它们，机体就会患病或死亡。

1880 年，他在《俄罗斯医学》杂志上发表了关于发现吞噬细胞的论文，这就是今天我们所说的白细胞。梅契尼科夫的吞噬理论，受到世界著名的法国微生物学家巴斯德的赞赏和支持。巴斯德邀他到巴黎大学工作，梅契尼科夫欣然接受了邀请，他成为巴黎大学的教授，并担任了新成立的巴斯德研究院的副院长。

梅契尼科夫在巴斯德研究院继续深入地进行他的研究，发表了一系列重要著作，不断揭示细胞免疫的奥秘。1908 年，他还荣获了诺贝尔生理学或医学奖。

学海拾贝

在正常人的血液中，白细胞含量应在每升 40 亿个~90 亿个，但需要指出的是，这些白细胞并不是一模一样的。白细胞可分为有粒白细胞和无粒白细胞两大类。每种白细胞在人体内组成了一支兵种齐全的防卫部队，保护着人们的机体免受各种病菌的侵害。

临床医学的重大成就 器官移植

利用器官移植进行外科手术治病，是20世纪移植临床医学最重大的成就之一。其中成功最早、效果最显著的便是肾移植。自肾移植取得成功以后，医学界还进行了其他器官的移植，并取得了成功。

最早把器官移植跟疾病联系在一起的是公元前3世纪时，中国古代的《列子·汤问》一书中曾记载过的神医扁鹊为两个病人互换心脏的故事。但从现代医学的角度来看，心脏移植必须具备的物质和技术条件，在2 000多年前是根本无法达到的，比如血管的缝合需要非常细的线和很精密的技术，换取心脏时要停止血液循环，这些在当时也是根本不可能实现的。

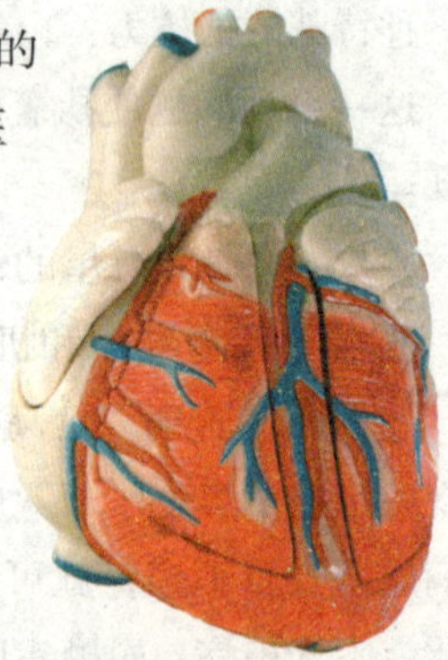

心脏移植虽然开始于1967年，但在20世纪80年代初才被正式采用。

早在20世纪初，不少医师进行了一系列肾脏移植尝试。他们首先在动物实验中进行移植，但由于外科操作技术和肾脏保存技术的缺陷以及当时无法克服的排斥反应，使得实验一个又一个地宣告失败。例如，1906年美国医生卡雷尔做过狗之间的肾移植实验，1936年苏联医生波罗诺依将尸体的肾脏移植给一位垂危的肾病病人。虽然这些尝试全都失败了，但肾脏移植的尝试从来没有停止过。直到1951年，可的松作为抗排斥药物应用于临床，才给肾移植注入了新的活力。

1952年12月，一位16岁的年轻木工从脚手架上跌落下来，不幸右肾破裂而被切除，但手术后发现这位年轻木工的左肾却是先天性缺乏。接着，医生将他母亲的肾脏移植到了濒临死亡的儿子身上，这次肾移植使患者延长了23天的生命，最终因排斥反应而死亡。这次手术虽然不太成功，却为人类器官的移植谱写了一个新篇章。

约瑟夫·默里是美国临床移植医师，他首次成功地做了人体肾器官移植手术。1954 年在前人成果的鼓舞下，默里第一次在非同卵的孪生子之间进行了肾移植。在移植过程中，对于如何克服临床上出现的排斥反应，有人提出将放射学治疗专家在为某种恶性血液病治疗中获得的经验试用于移植手术中，但因当时的动物实验结果还很不稳定，因此还没有人敢将此试用于人体。然而，默里作出了决定，他先让移植接受者接受放射治疗作免疫抑制，因为抑制免疫反应是延长移植肾存活必不可少的一项关键性治疗。然后，再进行肾脏移植手术。结果，他的手术相当成功，第一次使移植接受者活了24年之久。

然而，直到20世纪70年代以前，器官移植的长期存活率和成功率仍然很低。主要问题是当时的医学界没有找到更有效的药物来解决免疫排斥问题。1978年，环孢素 A 问世。这是新一代强有力的免疫抑制剂，其问世使临床同种器官移植的成功率大大提高。

目前已开展的器官移植有：肝脏、骨髓、胰腺、心脏等移植及心肺联合移植。随着器官移植的开展，将会使更多需要治疗的患者得到应有的治疗，从而延长他们宝贵的生命。

学海拾贝

医学史上公认最早的组织移植实验，是从18世纪英国实验外科的先驱约翰·亨特尔开始的。他曾经成功地把鸡的脚移植在了鸡冠的部位。在这之后，很多科学家开始在动物、甚至人的身上做组织移植的实验，有些实验也获得了成功。

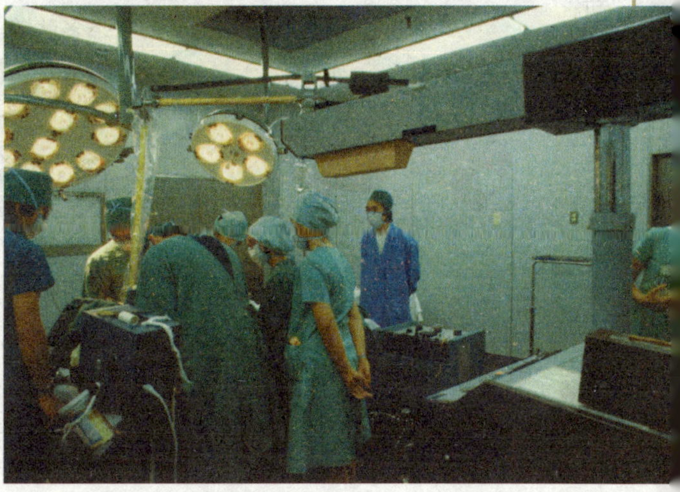
器官移植手术

免疫学的发展 抗体的研究

抗体存在于血清蛋白中，又称为免疫球蛋白。它主要存在于血液及其他体液和外分泌液中。它可以识别和破坏入侵的异己成分，也可以识别和破坏体内的异常细胞。

1972年的诺贝尔生理学及医学奖由埃德尔曼和波特共同获得，以表彰两个人在研究抗体结构所作出的杰出贡献。

埃德尔曼在1958年前后，经过一段时间的摸索，找到了用浓尿素还原抗体分子二硫键的好方法。1961年，他与人合作进行免疫球蛋白G的还原实验，所得的裂解产物比波特的实验所得的片段还小。他确认这些产物为免疫球蛋白G的两种多肽链。这两种多肽链后来被通称为轻链和重链。埃德尔曼又利用本周氏蛋白做电泳实验，发现这种蛋白质是均一的，一般只相当于骨髓瘤蛋白分子的一条多肽链。1962年，埃德尔曼与其学生加利用骨髓瘤蛋白和本周氏蛋白进行电泳实验，并进行肽图分析，证明了抗体的不均一性是有限的。

↑多种免疫球蛋白结构域构成了抗体的两条重链以及两条轻链。

就在埃德尔曼公布了他的抗体二硫键还原实验的结果后，波特得知这个消息，他如获至宝，立即进行“比较实验”。他在重做自己原先的抗体酶解实验的同时，也做了埃德尔曼的抗体还原实验，将两种实验的结果加以比较分析。在实验过程中，他修改了埃德尔曼的实验方法，得到两种仍能与抗原结合的肽链，即重链和轻链。在分析了比较实验的记录之后，波特得出了一个新的设想，即关于抗体分子结构的第二个模型——四肽链模型。

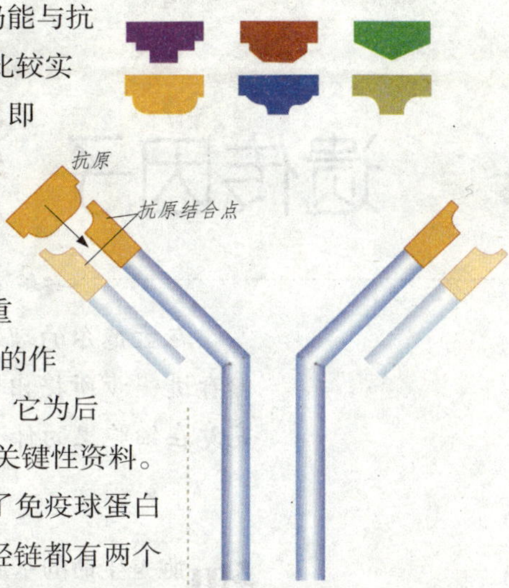

每个抗体结合特定抗原。

而波特的抗体四肽链模型为阐明抗体的结构和它的特异性之间的关系，提供了重要的依据；对抗体在其余抗原结合反应中的作用机制，作出了形象的解释；更重要的是，它为后来测定抗体多肽链的氨基酸顺序，提供了关键性资料。

1965 年，埃德尔曼和波特先后查明了免疫球蛋白 G 轻链的氨基酸结构。他们发现，每条轻链都有两个区：一半是可变区，另一半是恒定区，整个轻链有 214 个氨基酸残基，其中可变区占 108 个左右。

接着，埃德尔曼为了弄清抗体重链的结构，为测定重链的氨基酸顺序进行了一系列实验和分析，证实了重链也有可变区和恒定区。每条重链含有 446 个氨基酸残基，其中可变区占 115 个。经过综合分析，埃德尔曼认为肽链的构型与抗体的结合能力密切相关，而肽链的氨基酸顺序是抗体特异性的根源。与抗体识别功能有关的是它的可变区，可变区的氨基酸顺序不同，从而使抗体表现出特异性。相反，恒定区的氨基酸顺序，对于同种抗体的不同分子来说都是相同的，它具有一般性的功能，如溶解带有外来抗原的分子，埃德尔曼称之为抗体的“调节器功能”。

埃德尔曼的研究成果是一项重大成就，它对进一步了解抗体的功能发挥巨大的作用。

而波特则在确定抗体结构方面进行了长期的研究工作，他的学术著作为现代免疫疾病、移植以及癌症免疫治疗法提供了理论基础。

学海拾贝

骨髓是人体的造血组织，位于身体的许多骨骼内。在免疫系统中，骨髓是一个主要免疫器官，它产生的白细胞在全身各处巡逻，并能发现及摧毁有害物质。

遗传因子 染色体

在孟德尔的理论得到承认之后，接着丹麦遗传学家约翰森进一步所提出的基因，决定了生物的遗传。但是基因究竟在细胞里的什么地方，这也是遗传学需要回答的问题。

细胞是生命的基质，生命的全部奥秘都集中在细胞之中。如果把细胞比喻成一个小房间，那么染色体就是能开启这间房门的钥匙，它同时也被称为生命的载体。

染色体的发现经历了复杂而称奇的过程。早期的科学家们发现，如果人为地将一个单细胞生物分成两半，使其中一半含有完整的细胞核，另一半不含细胞核，那么，有核的一半就能够分裂、生长，另一半则趋于死亡。于是，科学家们把视线聚焦到了细胞的内核上。

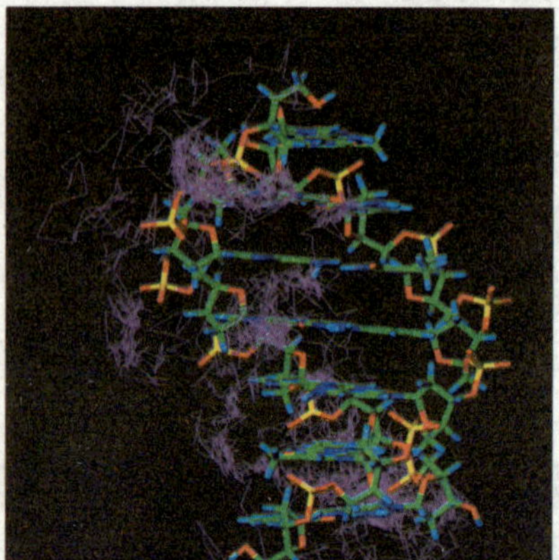

↑染色体

早在 1883 年，鲁克斯就观察到细胞核内能被染色的丝状体。1888 年，德弗里斯称这种丝状体为“染色体”，并猜测染色体与遗传有关。1902 年，博韦里和萨顿指出，染色体在细胞分裂中的行为与孟德尔的遗传因子平行。因此，博韦里和萨顿认为，染色体很可能是遗传因子的载体。

细胞的分裂方式有两种，一种是简单的有丝分裂，另一种是较为复杂的减数分裂。当人们认识到生物体内生殖细胞的减数分裂与体细胞的有丝分裂同样离不开染色体时，那么把染色体比做生命之舟便毫不夸张。因为体细胞的有丝分裂可以导致生命体成长壮大，而生殖细胞的减数分裂则导致了生命体的世代延续，生生不息。

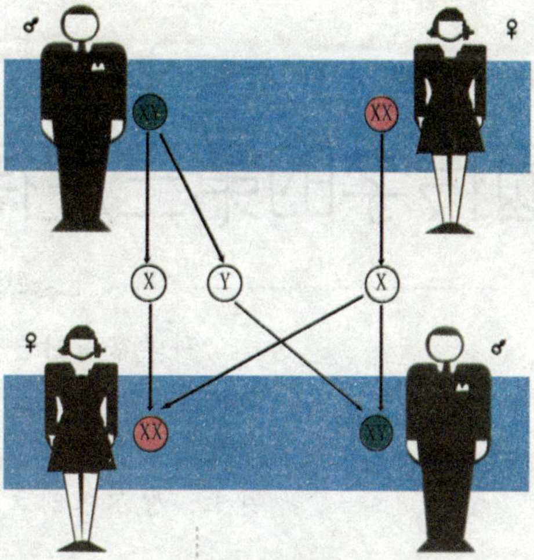

↑人类和哺乳动物的性染色体用X和Y表示。

20世纪初，德国生物学家亨金用切片法研究半翅目昆虫的减数分裂时，发现一条在母细胞减数分裂的后期在向细胞一极移动时处于落后状态的染色体。亨金给它起了个名字叫“X染色体”，表示这是一条连他也没弄清楚的染色体。直到20世纪初，丹麦人威尔逊发现了在半翅目和直翅目的许多昆虫中，雌性个体的细胞中具有两套普通的染色体，称做“常染色体”。另外还有两条X染色体，而雄性个体的细胞中也有两套常染色体，但是只有一条X染色体。

威尔逊激动地得出了结论：动物的雌、雄性别可以根据细胞中X染色体的多少加以区别，X染色体因而也被他称为“性染色体”。可是威尔逊却忽视了雄性个体的X染色体身边还有一条不露声色的同伴——“Y染色体”，这种染色体呈钩形，比X染色体短小。这条被威尔逊丢失的Y染色体三年后被生物学家史蒂芬斯发现。终于，染色体和性别之间的秘密也被揭开。

在23对染色体中，有22对染色体男女是一样的，可以各自俩俩配对，这类染色体叫做常染色体，另一对男女不同的染色体叫做性染色体，女性为XX，男性为XY。女性的两个X染色体常有区别，其中一个往往呈毛茸状，模糊不清，另一个则无其他特征。男性的全部染色体可以写作“46，XY”，女性的写作“46，XX”。

学海拾贝

端粒位于染色体末端，由DNA和蛋白组成，分别称为端粒DNA和端粒蛋白。端粒蛋白对于端粒的保护必不可少，科学家在哺乳动物中先后鉴定出了十余种端粒蛋白，它们和端粒DNA结合相互作用，好似一个盾牌抵御各种因子对染色体末端的袭击。

遗传学的第三定律 连锁互换

科学家有时会做出一些奇怪的事情，你也许从来没有听说过一种养殖业——蝇类饲养。可是的确有人把它们像养猪似的养起来。正是在这种被称为“果蝇”的小不点儿身上，摩尔根创立了现代经典遗传学理论。

也许有的人会很好奇，果蝇实属无用之物。那我们为什么要养它呢？原来它们虽不能提供产品，但却属于生物。在繁衍过程中它们能把各种特征、特性，按照遗传法则传递到下一代。所以科学家在遗传学实验中，选择果蝇为对象，可以花较少的时间，并能在短期内获得大量而翔实的数据。

↑红眼果蝇和白眼果蝇

在这方面工作做得最多的要算是美国遗传学家摩尔根了。20 世纪初，孟德尔逝世 16 年后，他的遗传学说才又被人们重新发现。摩尔根也逐渐将研究方向转到了遗传学领域。

1910 年，摩尔根在一个培养瓶中发现了一只白眼的雄果蝇，并决定将这只白眼果蝇与它红眼睛的姊妹们一起培养，结果所得第一代都是红眼睛果蝇。第一代果蝇之间进行交配，产生的二代有一些是白眼的果蝇。摩尔根惊奇地发现，二代所有的白眼果蝇都是雄性的。此后的多次交配表明，除了少数的例外，绝大多数白眼果蝇都是雄性的。由此，摩尔根认识到，决定白眼的遗传因子同决定性别的遗传因子是有联系的。也就是说，在一根染色体上可以传递许多基因，这就解决了染色体数目远远小于基因数目所造成的困难，为此，摩尔根称这种现象为“连锁”。

↑摩尔根

当摩尔根再次定睛观察这些白眼的果蝇时，他发现了一个不同于孟德尔规律的现象。按照孟德尔的自由组合规律，那些长着白眼的果蝇，它们的性别应当是有雄性的，也有雌性的，然而这些白眼果蝇居然全部是雄性，没有一只是雌性的。也就是说，突变出来的白眼基因伴随着雄性个体遗传。摩尔根终于从果蝇身上看到了孟德尔在豌豆上观察不到的现象。摩尔根知道，果蝇的4对染色体中，有一对是决定性别的。其中雌性果蝇中的两条性染色体完全一样，记为XX染色体；雄性果蝇中的性染色体一大一小，记为XY染色体。摩尔根判断，白眼基因位于X染色体上。因此，当他的那只白眼果蝇与正常的红眼果蝇交配后，由于红眼是显性基因，因此后代不论雌雄，都是红眼果蝇；当第二次进行杂交时，体内含有白眼基因的雌性红眼果蝇与正常的雄性红眼果蝇交配，就会出现含白眼基因的一条X染色体与一条Y染色体结合，生成第二代杂交果蝇中的白眼类型，而且都是雄性的。

他提出了经典遗传学的第三定律——“连锁互换”定律。摩尔根发现，在染色体上相邻的基因往往组成连锁，同一连锁内的基因往往不会遵照孟德尔第二定律自由组合。不久，他又发现成对染色体上的基因之间有时发生有规律、有秩序的交换现象。后来，摩尔根根据这些理论，绘制出了第一张基因图。

“连锁与互换定律”是摩尔根在遗传学领域的一大贡献，它和孟德尔的分离定律、自由组合定律一同被称为遗传学三大定律。

学海拾贝

1926年，摩尔根出版了《基因论》一书。后经一些生物学家进行了大量的实验和论述，最终形成了孟德尔—摩尔根学派，或称为摩尔根遗传学派。

生命的物质基础 蛋白质

蛋白质是生命体的重要物质基础之一。在浩瀚的天地之间，无论是放大万千倍才能窥其形态的病毒，还是历历在目的高等动物、植物以及人类，只要出现生命现象，就有与之相联系的蛋白质存在。

生活中有一些物质，它们在加热的情况下不是由固态变为液态，而是由液态变成固态。鸡蛋和牛奶就是很好的例子，为什么呢？因为蛋清、奶里面的酪蛋白具有这种特殊的性质。在研究生命物质的初期，化学家们就发现了这类性质奇特的物质。

18 世纪后期，法国化学家麦夸尔把所有加热后凝固的物质归为特殊的一类，称之为蛋白物质。当 19 世纪的有机化学家们着手分析蛋白质的时候，发现这些化合物比其他有机分子复杂得多。19 世纪 30 年代末，荷兰化学家穆尔德得出了一个基本式子：$C_{40}H_{62}O_{12}N_{10}$。他认为这是蛋白物质共有的一个通式，只要在这个基本式子中加入一些含硫或含磷的基团，就可以形成

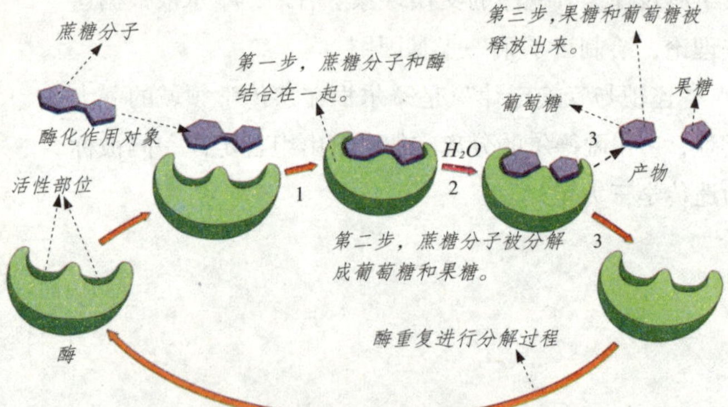

在酶的帮助下，蔗糖分子被分解为葡萄糖和果糖，而酶却丝毫无损，可以再次利用。

各种蛋白化合物。这个基本式子被穆尔德命名为蛋白质，蛋白质这个词是由希腊语转化来的，意思是“头等重要的”。当时使用这个词，大概只是为了表明这个基本式子在决定蛋白质的结构方面是头等重要的，但是后来事物发展的结果证明，用这个词来表示这些物质本身也是非常贴切的。自从知道了蛋白质以后，人们很快就发现蛋白质对于生命是极为重要的，并且继续对蛋白质进行各种研究。

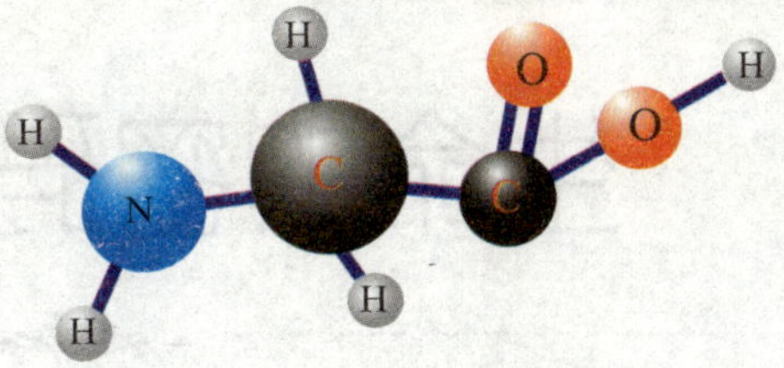

↑甘氨酸的分子结构

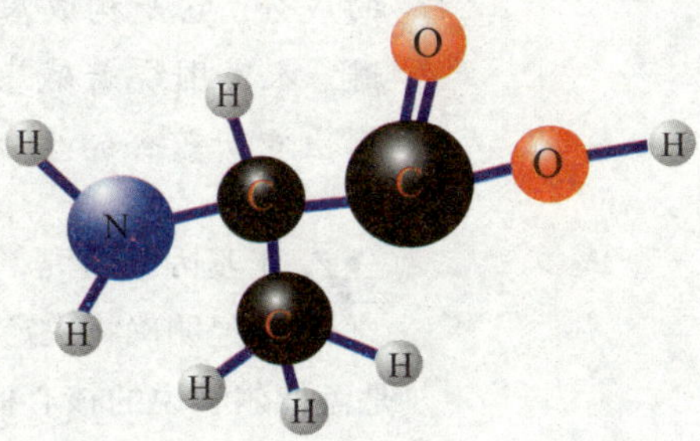

↑丙氨酸的分子结构

蛋白质首次被认为是天然的含氮有机化合物，科学家们在不同的动物性物质如血清白蛋白、血纤维蛋白、牛奶酪蛋白中发现蛋白质分子。20世纪20年代中期，萨姆纳首先得到结晶蛋白质——脲酶。20世纪50年代中期，桑格等测定了第一个蛋白质——胰岛素的一级结构。60年代，中国化学家钮经义、汪猷、邢其毅等首先从氨基酸合成结晶牛胰岛素，这是第一个有生理活性的人工合成蛋白质；穆尔和斯坦等设计了氨基酸分析仪；埃德曼设计了蛋白质自动顺序分析仪。20世纪末，高效液相色谱、质谱、计算机和气相顺序仪等的应用，使蛋白质结构的研究获得很大发展。

20世纪60年代初，肯德鲁等首次用X射线衍射法测定了蛋白质的晶体结构，揭示了肌红蛋白的三维空间结构，证实了α螺旋的存在，并进一步揭示出了其二级和三级结构。佩鲁兹等通过对血红蛋白结构的研究，从分子水平阐明了镰刀型细胞贫血症的病因。

科学家们得知了蛋白质对生命的重要性，于是通过研究揭示了关于蛋白质的种种实质。而这些只是关于蛋白质基础的研究，它的利用及开发研究的时代指日可待。

学海拾贝

在人体活动和体育锻炼过程中，蛋白质能提高中枢神经系统的兴奋性，通过加强条件反射活动促进肌肉收缩，改善自我感觉，降低疲劳程度和提高运动能力。此外，蛋白质在分解时能产生能量，是人体内能量来源之一。

生命的密码 碱基

碱基指嘌呤和嘧啶的衍生物，是核酸、核苷、核苷酸的成分。它是构成基因的关键物质，也是一个难以解开的谜。人类围绕着碱基，作出了一次次不懈的努力，试图揭示出它所蕴含的生命密码。

关于基因的研究，早在孟德尔时期就已经开始了。孟德尔曾经明确将决定性状的内在原因称为“遗传因子”，这也是孟德尔学说的核心概念。孟德尔认为，由于有了遗传作用，生物在进化过程中就不会是连续的变异，而是不连续的变异。

1868 年，年轻的瑞士化学家米歇尔在一条满是脓液的绷带上找到了记录遗传信息的“无字天书”——核酸。说起来，核酸的发现极其偶然。那条为人类遗传学作出了不朽贡献的绷带是米歇尔从外科诊所的废物箱中捡来的。脓液主要由白细胞和人体细胞组成，米歇尔用硫酸钠稀溶液冲洗绷带，使细胞保持完好并与脓液中的其他成分分开，得到了很多白细胞。然后，他又用酸溶解了包围在白细胞外的大部分物质而得到了细胞核，再用稀碱处理细胞核，又得到了一种含磷量很高的未知物质。这种未知物质被兴趣盎然的米歇尔定名为“核素”。不久，米歇尔的德国导师塞勒也从酵母菌中提取出了核素。

↑孟德尔

而塞勒门下的另一名弟子阿尔布雷希特·科塞尔，还在霍珀·塞勒手下工作时，继续了米歇尔关于核素的研究。像米歇尔一样，科塞尔有关核素研究的第一篇论文是在他与塞勒开始工作的两年后即 1879 年发表的。科塞尔在文中论述了从核素中分解磷的必要化学条件。在关于酵母核素分解产物的研究中，他证实核素受开水的分解而释放磷，而在没有完全裂解的核素可溶性产物中存在着大量的次黄嘌呤。1880 年，科塞尔从酵母核素中分离出第二个碱基——黄嘌呤，并认为核素是黄嘌呤的来源。实际上，科塞尔这期间研究的次黄嘌呤和黄嘌呤，分别是核酸中腺嘌呤和鸟嘌呤的衍生物。

1885 年，科塞尔才真正发现了来自动物器官和酵母中的一种新碱基沉淀物——腺嘌呤。 同年他发表的第二篇论文论述了腺嘌呤与黄嘌呤之间的关系。1893 年，科塞尔和他的合作者瑙曼分离出了胸腺嘧啶，它是因为实验时使用小牛胸腺作为核素的来源而得名。虽然当初他们得出的化学式并不正确，但他们认为胸腺嘧啶可能是一个环式结构。随后，他们又发现了一种新碱基——胞嘧啶。科塞尔花了九年时间才确定了胞嘧啶的正确的化学组成。

由于在细胞核中找到的那种含磷量很高的核素具有很强的酸性，因此，核素后来被“核酸”所取代，并为科学界广泛采纳。

1924 年，德国细胞学家福尔根也发现了核糖核酸和脱氧核糖核酸。直到 1943 年，才由奥斯瓦尔德·埃弗里等人所辨识出来。

学海拾贝

DNA 中的碱基对结合在一起，形成了梯子形结构。在大肠杆菌中，这个梯子形结构的长度大约是 400 万个碱基对的长度。需要所有 400 万个碱基对才能形成大肠杆菌的 DNA。

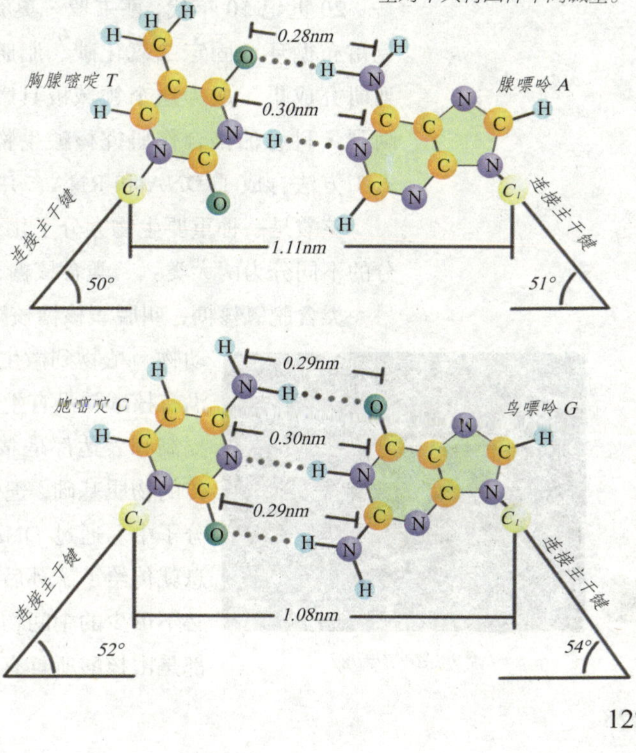

在形成稳定螺旋结构的碱基对中共有四种不同碱基。

遗传信息的载体 核糖核酸

核糖核酸，英文缩写为RNA，是一般存在于生物细胞以及部分病毒、类病毒中的遗传信息载体。核糖核酸是构成基因的物质基础，与蛋白质生物合成有着十分密切的关系。

核糖核酸在遗传上起着重大的作用。例如，植物病毒和部分动物病毒，只含有核糖核酸（RNA），根本没有脱氧核糖核酸（DNA），它的遗传性状就是由 RNA 决定的。而烟草花叶病毒的基本成分就是 RNA 和蛋白质。

20 世纪 50 年代，塞韦罗·奥乔亚·德阿尔沃诺斯凭借在克雷布循环、固定二氧化碳、脂肪酸代谢等方面取得的一系列研究成果，成为这个领域极具影响力的人物。随后，他与阿瑟·科恩伯格合作研究核酸生物合成机制。他们首先采用人工方法合成了 DNA 和 RNA，并发现了核酸的生理作用。

核酸是一种重要生物大分子化合物的总称，按照其化学成分的不同分为两大类：一类含核糖，叫做核糖核酸，即 RNA；另一类含脱氧核糖，叫脱氧核糖核酸，即 DNA。一切生物，从动物、植物到微生物的细胞内部都含有核酸，没有核酸就没有生命。生物体遗传信息的存储、复制和表达都是靠核酸来进行的。DNA 是遗传的物质基础，遗传信息就存储在这一类核酸分子中。通过 DNA 的复制，生物体的遗传信息就传给了子孙后代。RNA 则是表达遗传信息必不可少的中间物质，各种生物体的各种性状都是由核酸所具有的遗传信息决定的，通常把

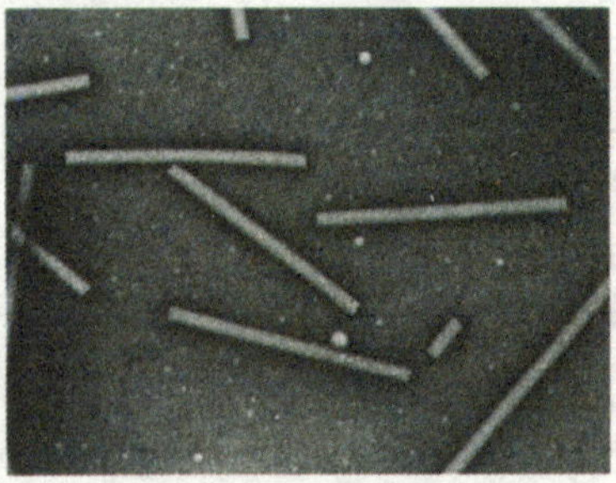

↑烟草花叶病毒

负责一项遗传任务的那一段核酸称为基因。因此，奥乔亚和科恩伯格的发现，对人类探索生命的奥秘作出了贡献。

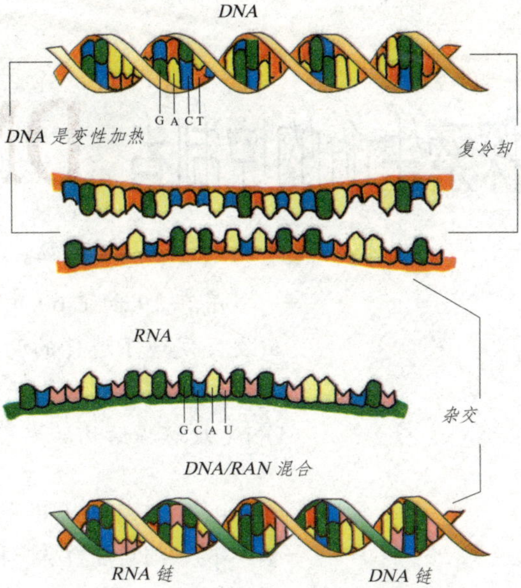

↑核酸杂交

不过，关于核酸的人工合成，还缘于奥乔亚的一次偶然发现。有一次，他让一名女技术人员把辅助腺苷二磷酸磷酸化后合成腺苷三磷酶的酶分离出来。

那天，女技术员碰巧有事回家，停止了实验，将调配好的混合液烧杯放进冰箱里，准备第二天再完成分离提取的工作。第二天，当她从冰箱中取出烧杯一看，大吃一惊。混合液已经凝固，就像吃剩的鱼汁放进冰箱后变成的鱼冻一样。女技术员匆匆将这杯凝固的混合液放在实验台上，又急忙重调了一杯混合液。

事有凑巧，奥乔亚这时恰好走了进来，他向女技术员询问工作的进展，女技术员十分抱歉地说："昨晚我有事停止了实验，所以今天什么结果也没有，您大概要多等一些时候了。"奇迹就在此时发生了。奥乔亚一眼看到烧杯中的凝固物质。他拿起烧杯，仔细地观察了好一会儿。突然，他兴奋地抱住女技术员，大声喊道："我发现了！我发现了能够合成核糖核酸的酶了！"

奥乔亚于 1956 年从大肠杆菌中分离并提纯了 DNA 聚合酶。1957 年，他又合成了人造 DNA 分子，这种分子虽然缺少天然 DNA 的遗传性能，但具有准确的化学和物理性能，其意义在于：人类首次掌握了遗传物质基础的方法，为改变基因、控制生物体的遗传性能，进而为治疗癌症和各种遗传性疾病开辟了道路。

学海拾贝

核糖核酸一直以来被认为是脱氧核糖核酸的跟班"表弟"。然而最新的一系列发现表明，细胞中带有大量的核糖核酸片段，它们的功能远不止于充当脱氧核糖核酸的信使。这些新发现有助于完善目前流行的遗传学理论。

探索生命的控制者 DNA分子模型

早在19世纪60年代，遗传学家孟德尔从生物的性状出发，发现了遗传的两个基本定律。到20世纪中叶，科学家们已经能够从分子水平上来探讨遗传的本质。这就是DNA双螺旋结构的发现。

在刚刚过去的20世纪，遗传学也许是发展最快、变化最快的一门自然科学学科。1900年孟德尔揭示的生物遗传规律被重新发现，2000年人类基因组全序列工作草图宣告完成，这两件大事充分展现了100年来遗传学的重大发展，而连接首尾的关节点，则是1953年沃森和克里克共同提出的DNA双螺旋结构模型。

1950年夏天，美国人沃森获得了博士学位。此时的生物学界正在进行一种叫双结构螺旋研究竞赛。结晶学研究的权威、英国的罗莎琳德·富兰克林已成功推出DNA分子有多股链，呈螺旋状。对DNA一无所知的沃森，在丹麦皇家学会听完劳伦斯·布拉格关于DNA的演讲后，决定研究DNA的三维模型结构。次年秋天，沃森在导师的支持下，来到英国剑桥大学卡文迪许实验室工作。在这里，他遇到了克里克，他们都被DNA结构之谜强烈地吸引着，于是，他们决定共同研究这一课题。克里克曾进行过鱼类的研究工作。

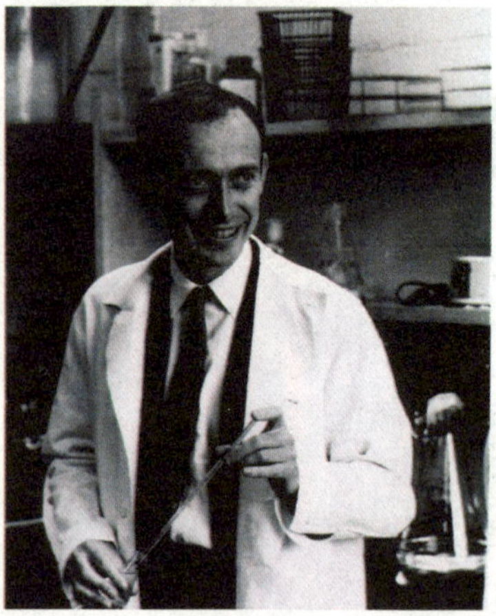

↑沃森

在建立DNA结构模型的过程中，沃森和克里克研究了美国化学家鲍林发现蛋白质结构的过程。他们注意到鲍林的主要方法是依靠X

射线衍射的图谱来探讨蛋白质分子中原子间关系的。受此启发，沃森和克里克开始用自制的硬纸板构建DNA结构模型。

他们利用了科学家们已经发现的一些证据，如 DNA 分子是由含有四种碱基的脱氧核苷酸长链构成的；维尔金斯和富兰克林通过X射线衍射法推算出的DNA分子呈螺旋结构的结论等，否定了DNA是单链和四链结构的可能。他们构建了一个 DNA 链结构模型，将模型中的磷酸——核糖骨架安置在螺旋内部。但是，以维尔金斯为首的一批科学家在对此结构进行验证时发现，沃森和克里克对实验数据的理解有误，因而否定了他们建立的第一个 DNA 分子模型。接着，他们的第二次实践也以失败告终。

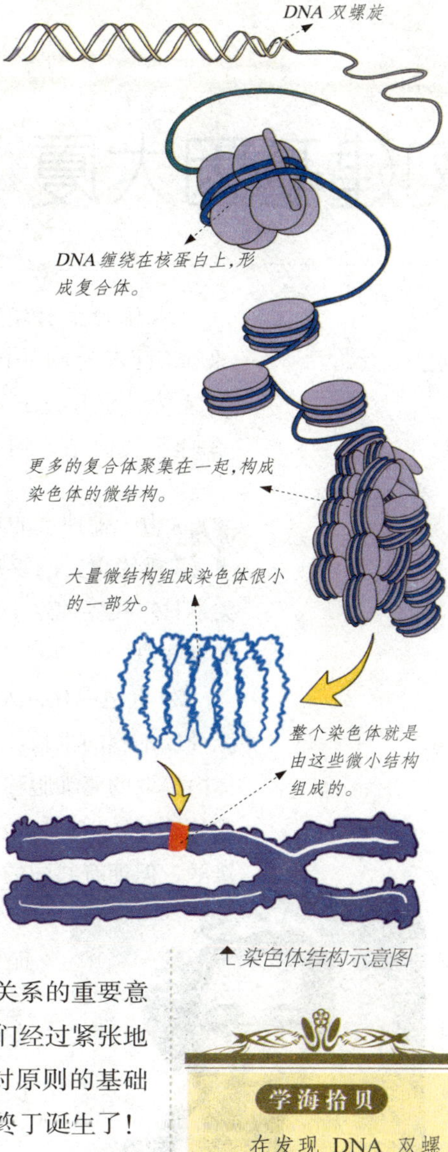

染色体结构示意图

1952 年春天，奥地利的著名生物化学家查哥夫访问了剑桥大学，沃森和克里克从他那里得到的信息是：腺嘌呤（A）的量总是等于胸腺嘧啶（T）的量，鸟嘌呤（G）的量总是等于胞嘧啶（C）的量。查哥夫在1950年就发布了这个结果，此时他们才意识到碱基之间这一数量关系的重要意义。于是，沃森和克里克为此很兴奋。他们经过紧张地工作，克服了种种困难，在碱基互补配对原则的基础上，第一个 DNA 双螺旋结构的分子模型终于诞生了！沃森和克里克共同发现了DNA的双螺旋结构。可以说，DNA 双螺旋结构的发现，揭开了人类探索生命奥秘的新纪元。

学海拾贝

在发现 DNA 双螺旋结构过程中，英国女科学家罗莎琳德·富兰克林发现 DNA 是螺旋结构，而且至少有两股螺旋。

构建基因大厦 生长因子

人体的生长发育依靠的是生长激素，但科学家研究结果证明：人的脑垂体分泌的生长激素在体内只能存在两分钟左右，它经过血液，到达肝脏后迅速转化为生长因子。各种生长因子共同作用，维持着人体的正常生理活动。

作为一种神奇的物质，生长因子对人体的成长与发育有着极为重要的影响。通过对生长因子的研究，可以帮助人类早日攻克癌症这个难治之症，也能从基因层面揭示出癌基因的真面目。

20世纪中叶，人们已经认识到，植入人体的异体组织可刺激神经细胞的生长。意籍美国神经生物学家蒙塔尔奇尼将老鼠体内提取的癌细胞移植到鸡的胚胎中，发现老鼠体内的神经细胞的确开始生长。她由此判断，虽然肿瘤和神经细胞没有直接接触，但拥有共同的供血情况，肿瘤很可能分泌出一种类似荷尔蒙的物质，然后通过血液到达神经细胞，从而促进并控制着神经细胞的生长。德国科学家赫塔·梅耶也进行着类似的工作，而且自1939年以来，蒙塔尔奇尼一直与这位同行者保持着合作。经过多次失败后，这两位女科学家终于从生物学上证实“生长因子”的存在。这些生长因子从一个单一的神经节，在营养介质中向各个方向伸展出无数条神经纤维，在显微镜下观测到其形如一个光环。

↑蒙塔尔奇尼

美国生物化学家科恩在华盛顿大学从事博士后研究工作时，开始与蒙塔尔奇尼一起进行神经生长因子（NGF）的研究。1961年，他从小鼠的颌下腺中分离到一种新的生长因子，这就是以后被命名的表皮生长因子（EGF）。当他把研究重点转移到EGF之后不久，就搞清了一系列化学和生物学活性问题。EGF在天然状态中很像胰岛素，具有激素原的作用；EGF可被精氨酸酯酶裂解成6万个道尔顿的小肽，当他们完全搞清了 EGF 的氨基酸顺序以后却发现其结构和胰岛素毫无共同之处。

虽然EGF和NGF一样可以影响早期转化细胞的分化，但是EGF的作用范围较宽，它可以刺激纤维细胞、上皮细胞和乳腺细胞的有丝分裂。它主要作用于源自外胚层的细胞，但也作用于几种源自中胚层的细胞，而对源自内胚层的细胞则无活性。

科恩对生长因子在应用领域中的研究也日见成效。人们现在可以指望，它在先天性畸形成因的了解方面可能起到一定作用，在烧伤、神经损伤、其他损伤以及侏儒症的防治方面可能作出贡献，特别诱人的前景则来自对肿瘤病因的了解。肿瘤细胞所表现的是生长异常，目前人们对生长因子与肿瘤细胞的生长关系已经有了一定的了解。

科恩和蒙塔尔奇尼的研究成果为人类了解神经细胞核表皮细胞的分裂与更新提出了全新的方向，同时也将基因科学的一个新角度展示给人们。

学海拾贝

神经生长因子(NGF)在癫痫过程中通过一系列生化活动，以减少或阻止大脑神经元异常放电。神经细胞凋亡是引起癫痫的原因之一，NGF既能抑制神经细胞坏死，也能抑制神经细胞凋亡，具有定向性和专一性特点，因而它是癫痫脑损伤的保护剂。

↓表皮生长因子

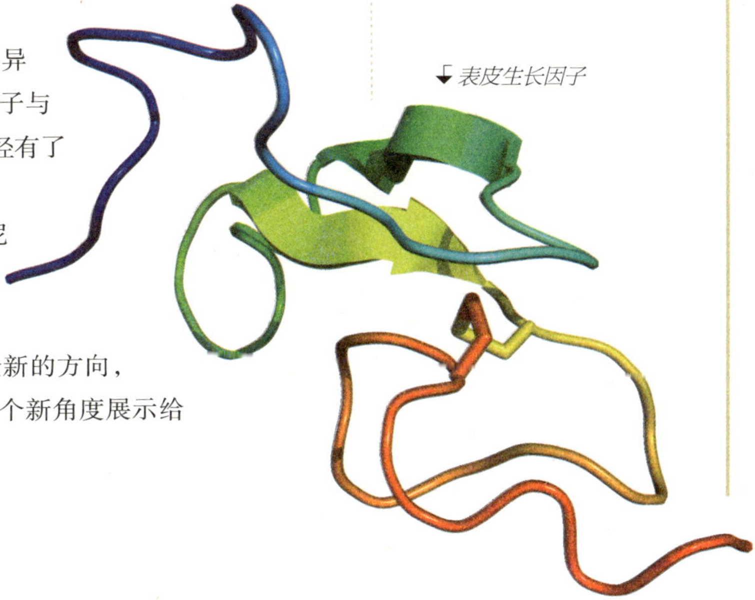

能量分子 ATP

生命活动是耗能的，能量从哪儿来？能量来源于体内所进行的氧化反应，不同的有机化合物，含有不同的化学能，生命体、细胞中最广泛和最盛行的能量供应方式，是通过化学能量分子 ATP（三磷酸腺苷）的作用而实现的。

生命可以说是一个天生的不稳定系统，它只有在不断使用能量的情况下，才能维持住结构复杂的秩序。

大家都知道，活细胞只能在十分稳定的温度下进行活动。它既不能忍受高温，也耐不住高压。我们人类吃的饭基本成分是淀粉和葡萄糖，葡萄糖分子中的化学能是使我们可以思考、劳动、写作、生长以至歌唱的能量源泉。因此没有化学能就不可能有活动着的生命。而这一切动力，就是源自于一种名叫三磷酸腺苷（ATP）的物质。

↑李普曼

ATP 是一种生物特有的、利用效率极高的、贮存和传递化学能的高分子化合物。它可以提供生命活动所需的能源，是生命的直接能源。

ATP是在肌肉收缩的能量变化的研究中发现的。这项工作始于 20 世纪初。到 1922 年，德国生物化学家迈耶霍夫研究表明，肌肉收缩时的化学变化分两步：首先是无氧氧化过程，肌糖元变为乳酸并释放出能量，这是肌肉收缩时的直接能源；第二步，约有 4/5 的乳酸又重新合成糖元，同时吸收大量的能量。1927 年，费克斯和萨巴罗从肌肉提取液中发现了一种叫磷酸肌酸的高能化合物，它在肌肉收缩时分解为磷酸和肌酸，放出能量。当复原时又恢复为磷酸肌酸，因此即使没有乳酸生成，肌肉收缩也能发生。这是第一次把高能化合物作为直接能源引进肌肉收缩。从此磷酸化合物引起了人们的高度重视。1929 年，费克斯和萨巴罗以及迈耶霍夫和他的助手罗曼这两组科学家分别独立地从肌肉中发现有一种化合物，这种化合物可以被直接水解为一磷酸腺苷和焦磷酸盐。1935 年，罗曼将这种化合物命名为三磷酸腺苷，简称 ATP。随后，科学家相继证明了在糖酵解过程中，磷酸烯醇式丙酮酸转变成丙酮酸与二磷酸腺苷（ADP）变为 ATP 偶联、三磷酸甘油醛氧化为三磷酸甘油酸也与 ADP 变为 ATP 偶联以及生物体内物质氧化的三羧酸循环中伴随着更大量的 ATP 生成。

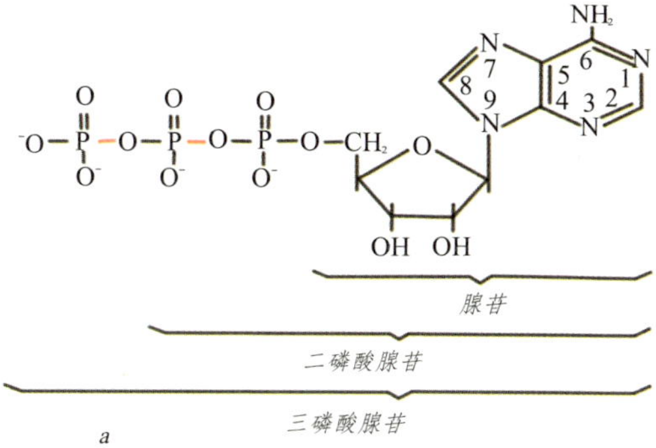

a

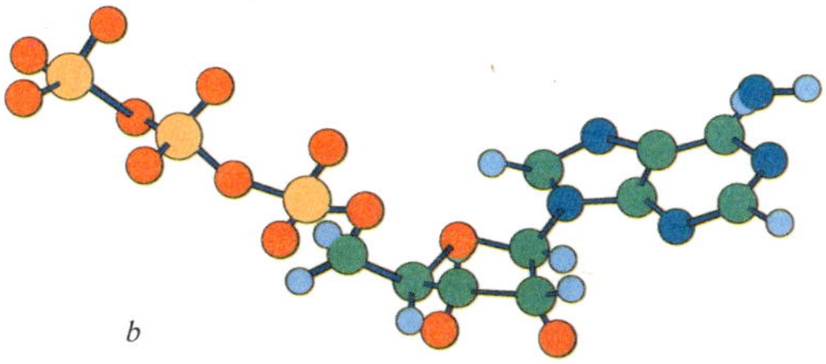

b

↑ATP

在此期间，美国生物化学家、迈耶霍夫的学生李普曼获得了一项十分重要的发现：在研究丙酮酸氧化脱羧反应时，产生了 ATP。1941 年，李普曼解释了 ATP 的分子结构，为生物能的探讨和研究开辟了道路，因而 ATP 结构的发现被誉为肌肉生理研究的革命。

1949 年，英国生物化学家托德在研究核苷酸及核苷酸辅酶的过程中，人工合成了核苷的衍生物三磷酸腺苷，并发表了 ATP 的合成路线，从而使人们对生命能源的认识又上升到了一个新水平。

学海拾贝

李普曼除了发现了 ATP 的结构，还发现辅酶 A 是一种控制二碳基从一个分子向另一个分子转移的物质。他推测，二碳化合物是借助辅酶 A 才参与三羧酸循环的。1951 年，他用实验证实了这一推论。

细胞里的能量工厂 线粒体

叶绿体是绿色植物体内一种十分重要的物质。在我们的身体细胞内，也有着与叶绿体类似的细胞器——线粒体。它如同我们身体中的能量工厂，不断地为我们的身体供应着能量。

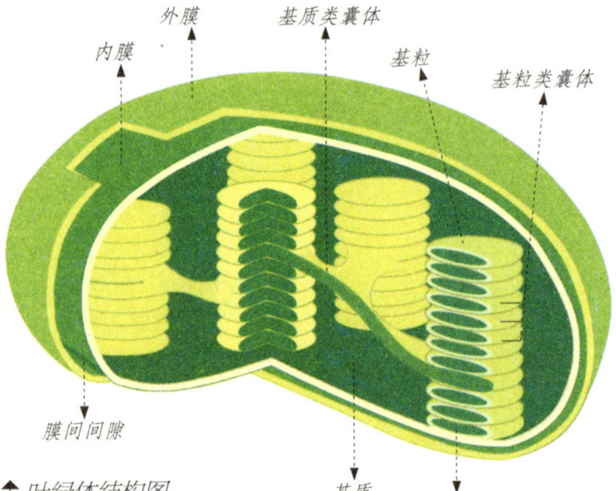

叶绿体结构图

一个活着的细胞必须利用能量来维持它的正常生活。而所有能量的释放都得依靠呼吸作用来完成。线粒体就具有这样的功能，它能氧化其他细胞制造的燃料（糖、蛋白质和脂肪等），释放能量供细胞完成各种生理活动。

如果没有线粒体，我们一秒钟也活不成。这些有着菱形身材的小家伙，相当于我们身体的一座“微型发电厂”，时刻不停地为我们提供着能量。线粒体在细胞内不停地运动，形状也是多种多样的，而且易于变化。一般来讲，线粒体长约至 7 微米，最长达 50 微米，直径约为 0.5 微米~2 微米，每个细胞内的线粒体的数目变化很大，一般在 500 个~2 000 个之间。

1850 年，德国生物学家首次发现线粒体，并推测这种颗粒是由半透性的膜包围着的。1898 年，人们对线粒体进行了命名。

电子显微镜下的线粒体是由双层膜构成的囊状物，外膜较光滑，内膜在囊内形成许多突起，呈皱褶状，这些皱褶称为嵴。由于有嵴，所以内膜的表面大大增加了。嵴的形状可能成片状，也可能呈管状。内膜与外膜之间的空间称为嵴内空间。外膜上有排列整齐的筒状圆柱体，中央有小孔，柱高为 5 纳米~6 纳米，直径为 60 纳米。内膜上有大量球形颗粒，直径约为 8 纳米~9 纳米；这些颗粒就是可溶性腺苷三磷酸酶，由头、柄和基质组成。基质中含有脂类和蛋白质存在于嵴内空间。

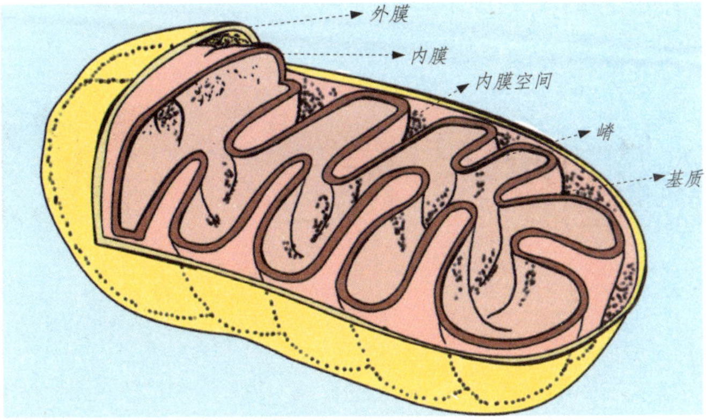

↑线粒体结构图

线粒体的特殊之处在于，它就像一个个独立的细胞，能自行分裂。不仅如此，它还有着自己独立的 DNA，存在于环状的染色体内。线粒体的 DNA 与动物细胞的 DNA 有质的不同。像微生物的 DNA 一样，线粒体的 DNA 与膜是紧密相连的。

线粒体的这种特殊特征，引起了科学家们的极大兴趣，人们不禁要问线粒体是从哪里来的。

人们猜想，20 亿年前，线粒体的祖先曾经是独立生活的细菌，不知什么时候，这些小东西在比较宽敞的细胞中“定居”，所形成的细菌群落又变成大的细胞。这样看来，我们的身体中包含着数以亿万计的相互依存的真核细胞群落。根据科学家统计，我们身体里所有的线粒体首尾相连排成一列，足足可以绕地球 2 000 圈。

事实上，我们的身体细胞里充满了细菌，这看起来似乎很可怕。不过，这些封闭在细胞环境中的曾经是细菌生物的小东西，已经完全被“驯化”，它们不但与我们人类以及其他一些动物和平相处，还成了我们赖以生存的“能量供应站”。

学海拾贝

线粒体直接利用氧气制造能量，但在利用氧分子的同时也不断受到氧毒性的伤害，当线粒体损伤超过一定限度时，细胞就会衰老死亡。生物体总是不断有新的细胞取代衰老的细胞以维持生命的延续，这就是细胞的新陈代谢。

生物界的魔术 突变论

孟德尔虽然提出了自己的遗传学发现，但在学术界却一直没有受到重视，直到1900年，荷兰科学家德弗里斯再次肯定了他的发现。德弗里斯的另一个重大贡献就是提出了生物突变论。

德弗里斯是19世纪末20世纪初著名的生物学家，为生物学的发展作出了不朽的贡献。

1877年，德弗里斯在伦敦访问期间，拜会了他的偶像达尔文。从此，他与达尔文建立了长期的联系和深厚的友谊。当时，达尔文的自然选择说正受到严重的反对，很多人对达尔文的这种理论提出了种种疑问，因为还没有一个确切的实验能证明他提出的物种通过微小变异而逐渐产生新品种并进化的这个理论是否正确。由于达尔文主张“融合性”遗传，所以他不能解释自然选择何以能够将微小变异积累起来形成新种。达尔文的反对者正是以此非难进化论。

德弗里斯

面对来自各方对进化论的非难，德弗里斯毅然放弃长达十几年的植物生理学实验，而转向对植物的遗传与变异的研究。他决心用挑战和发展达尔文的进化论这种科学家特有的方式，来表达自己对达尔文的崇敬之情。

1886年，一次偶然的机会，德弗里斯在一块废弃的种植马铃薯的土地上，意外地发现两棵与众不同的月见草品种，便将它带回家，种在自己的实验园地里。他将两个月见草品种进行杂交，在杂交一代和杂交二代中出现了既不同于它们的亲本，彼此间又不相同且在当时谁也没有见过的三个新品种：小月见草、晚月见草和红斑月见草。此外，他还在杂交第五代中得到一株巨型月见草。

月见草

通过月见草的杂交实验，德弗里斯逐渐认识到，达尔文强调的那种微小变异不是形成新物种的真正基础。物种起源主要是通过跳跃式变异“突变”来实现。成功在久不在速，为了解释月见草为何能够产生如此丰富的突变体，德弗里斯潜心研究了 16 年。1901 年~1903 年间，他终于撰写出版了他生平的得意之作——《突变论》，集中阐述了他的生物突变论思想。一石击起千层浪，德弗里斯的生物突变论思想震撼了整个生物学界。许多生物学家，尤其是达尔文主义者对德弗里斯学说表示赞赏与欢迎。因为突变论解答了达尔文学说中许多使人迷惑费解的问题，回击了一些反进化论者的攻击，从而大大向前推进了达尔文的进化论。突变论的创立，使德弗里斯一举成名，他因此被公认为 20 世纪最杰出的生物学家之一。

在现代遗传学看来，德弗里斯所说的突变现象其实属于染色体变异，它与摩尔根遗传学中所说的突变即基因突变是不同的。到 20 世纪 20 年代，突变论逐渐遭到了生物学家的抛弃。但是这并不意味着德弗里斯发现的突变现象无意义。在自然界中，无论是动物界还是植物界，到处都存在着普遍的真实的突变。突变论也恰恰证实了这种生物突变存在的可能性。

学海拾贝

德弗里斯对进化论的贡献远不在于他解答了达尔文自然选择学说无法解释的各种疑问，更主要的是他开创了将实验方法应用于进化论研究中的先河，第一个将实验方法引进到非实验及富于臆测的进化论领域之中。这既是他的历史性贡献，也是他成功的奥秘。

孟德尔的贡献

揭示遗传的两大定律

遗传学作为一门独立的学科，对它的精确研究，是从孟德尔开始的。孟德尔选择了正确的实验材料——豌豆，并首次将数学统计方法应用到遗传分析中，成功揭示出遗传的两大定律：分离规律和自由组合规律。

遗传学是生命科学领域中一门新兴的学科，主要是研究遗传物质的结构与功能以及遗传信息的传递与表达。1865 年，奥地利科学家孟德尔的遗传定律明确地提出了遗传因子的概念，奠定了遗传学的基础。

↑ *孟德尔在菜园里认真观察豌豆的变化。*

欧洲从 18 世纪以来就大量开展了植物杂交的实验。奥地利的孟德尔对植物杂交和遗传现象很感兴趣，他在仔细阅读了大量前辈生物学家著作的基础上，于 1856 年开始从事豌豆杂交实验，他希望借此探索生物的遗传规律。

孟德尔用了 34 个豌豆品种，花了两年时间检验它们的纯种性，从中挑选出 22 个品种。经过仔细观察，在这 22 个品种中，他又选出 7 对具有明显差异性状的品种。然后，针对这 7 对相对性状，一对对地进行杂交和后代分析工作。孟德尔发现，每对杂交的子一代都表现显性性状，但子一代自花授粉产生的子二代就发生显性性状与隐性性状的分离，而且显性类型数目与隐性类型数目都接近 3 : 1。

由此，孟德尔提出了颗粒性遗传因子的概念，并推论遗传因子在生物的体细胞中成对存在，体细胞形成生殖细胞时，成对的遗传因子发生分离，分别进入不同的生殖细胞中。

孟德尔的这种实验方法需要极大的耐心和严谨的态度，但他工作时一丝不苟，十分酷爱自己的研究工作，经常向前来参观的客人指着豌豆十分自豪地说："这些都是我的儿女！"

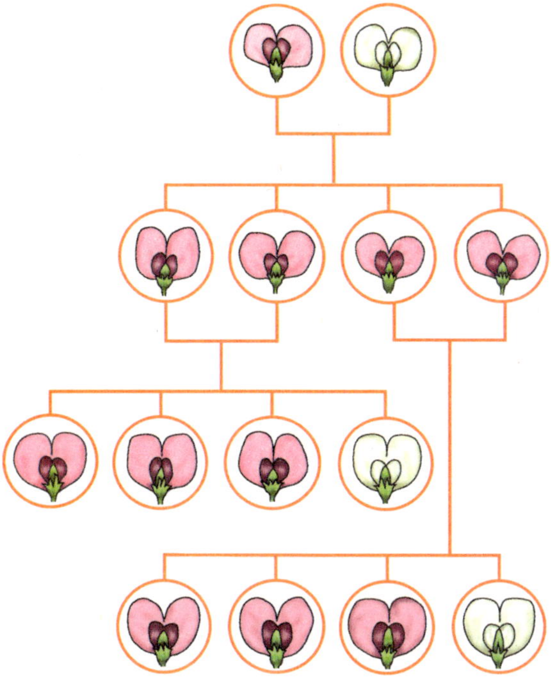

孟德尔的遗传规律

之后，孟德尔进一步研究两对相对性状的遗传。他发现，具有两对不同相对性状的亲本豌豆杂交所得的子一代自交所得的子二代中，出现了四种不同类型，其中两种是两个亲本分别具有的性状组合；另外，还出现了不同于亲本的两种重新组合。孟德尔由此推论，在体细胞形成生殖细胞时，不同对的遗传因子可以自由组合。这就是我们今天所说的遗传的自由组合规律或孟德尔第二定律。

1865 年 2 月和 3 月，孟德尔两次在布隆自然科学协会上报告了他的实验研究结果，反映实验结果的论文《植物杂交的实验》发表在 1866 年《布隆自然科学协会会刊》第 4 卷上。但是他的理论成果在发表之初并未受到人们的重视。直到 1900 年，距离他发表论文的时间已经过了整整 35 年，孟德尔定律才被重新发现和普遍接受。从此，孟德尔被公认为科学遗传学的奠基人。

学海拾贝

杂交是遗传学研究的最常用的手段之一，所以生活周期的长短和体形的大小是选择遗传学研究材料常要考虑的因素。昆虫中的果蝇、哺乳动物中的小鼠都是由于生活周期短和体形小而常被用作遗传学研究的材料。

人类健康的“杀手”传染病

人类与传染病的搏斗，是一场漫长的战斗。在这场战斗中，传染病在很长的一段时间里处于上风的位置，一再向人类显露出它那恐怖而狰狞的面孔。随着医学技术的发展，许多传染病都已经被人类消灭在了历史的长河中。

在人类的文明史中，传染病一直是人类健康的主要杀手，是人类生存的大敌。如果从人类进入文明社会以后的历史开始算起，导致所有人类的致死原因中，传染病恐怕占第一位。且不说时常在某些地方出现的一些局部的瘟疫，单是大面积爆发的、带有国际性的大瘟疫，在中外历史上都有很多的记载，且往往造成十室九空的恐怖景象。

西方最早的传染病记载是发生在公元前 430 年雅典爆发的大瘟疫。这场瘟疫长达三年之久。雅典的市民们生活在噩梦之中，身边强壮健康的年轻人会突然发高烧，声音嘶哑，因强烈的咳嗽而胸部疼痛。疾病像恶魔一样席卷整个城市，任何药物都无济于事，甚至连医生也被感染而生病。患病的人接二连三地死去，没有几天，雅典城中便随处可见来不及掩埋的尸首。据估计，雅典约有 1/4 的人死于这次瘟疫。

↓传染病在古代欧洲成为一种难以治愈的疾病。

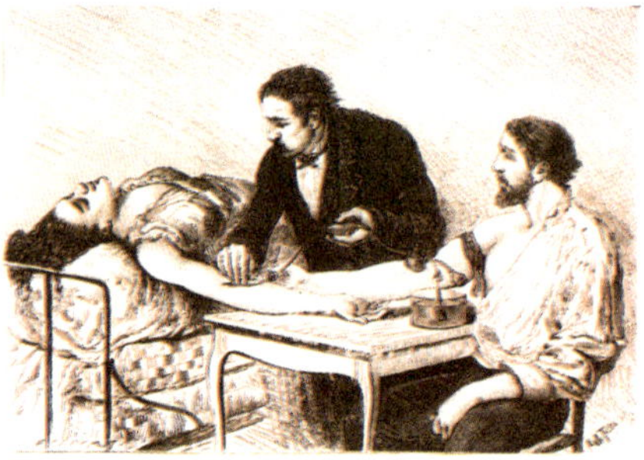

6 世纪出现的“查士丁尼瘟疫”，蔓延到欧洲、亚洲、非洲等许多地方，估计死亡总人数在 1 亿人左右，其中东罗马帝国的首都君士坦丁堡几乎死亡了一半以上的居民。14 世纪黑死病在欧洲泛滥，有 1/4 的人死亡，有些城市的死亡率甚至达到了 70%。

在 17 世纪~18 世纪，全世界流行天花疾病，死于此病的人数，欧洲达 50 万人，亚洲多达 80 万人。1918 年，在美国开始爆发的“西班牙流感”波及世界许多地区，2 100 万人因此死于非命。此外，仅 2002 年全世界就有 900 万人感染肺结核，造成 200 多万人死亡，更不用说“世纪瘟疫”艾滋病造成的死亡数字。

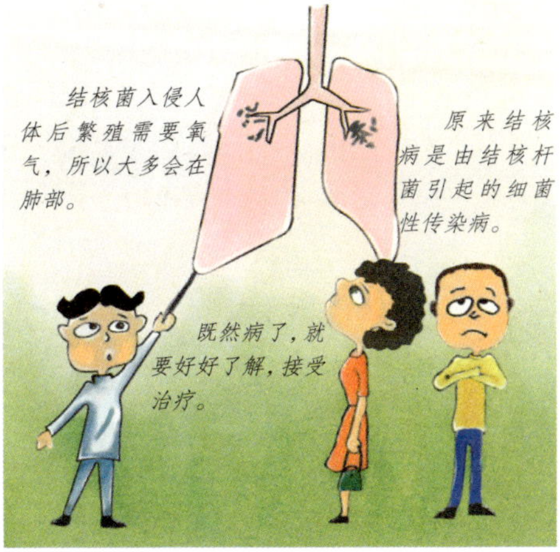

结核病是由结核杆菌引起的慢性传染病，可遍布全身多个器官，但是以肺结核最为常见。

1949 年以前，我国国民的第一死因是传染病与寄生虫病。1951 年，我国仅天花病人就有 6 万例，1952 年，麻疹和疟疾的发病数分别为 104 万例和 293 万例，血吸虫病人估计有 1 200 万，麻风病人也有 50 多万。

但是，坚强的人类并没有被这个恶魔打败，他们运用自己的智慧，锲而不舍地与传染病不断地作斗争。19 世纪 60 年代，法国化学家巴斯德首次通过实验和实际观察证明，细菌等微生物是引发传染病的罪魁祸首。之后，科学家们陆续发现了导致多种传染病的细菌、病毒等病原微生物。这些发现，虽然不能直接使病人痊愈，但却为人类认识和征服传染病提供了可靠的依据。

19 世纪，由于细菌学的创立，决定性地证明了微生物不像通常认为的那样是导致疾病的结果，而是产生疾病的原因。这一发现为公共保健和卫生领域的重大改善开辟了道路。从此，人类与传染病的战斗形势发生了根本性的逆转，科学的利剑成为人类战胜瘟神的致命法宝。更重要的是，科学之光帮助人类驱散疾病的阴霾，也帮助人类走出无知和愚昧的困境。

但是，这只是人们的一个美好的愿望，人类还在不懈地寻找战胜传染病的武器，而传染病则不断地变换面孔，或暴烈，或轻柔，或延绵不断，总之还是在继续与人类纠缠。人与传染病的战争，还得继续打下去。

学海拾贝

导致传染病的病原体大部分是微生物。病原微生物有病毒、衣原体、立克次体、支原体、细菌、螺旋体和真菌，如由流行性感冒病毒引起的人流感与禽流感，由霍乱杆菌引起的人霍乱与禽霍乱等。

中世纪欧洲的阴霾 黑死病

对于欧洲人来说，14 世纪下半叶，他们真的经历了一场“最后的审判”。一场前所未有的大瘟疫，使他们进入到最黑暗的世界，使他们仿佛走到了世界的末日。这就是 1348 年爆发的并且席卷整个欧洲大陆的黑死病瘟疫。

↑中世纪的欧洲关于黑死病患者的图画

黑死病的影响不亚于一场横扫欧洲的战争，现代医学家、社会学家认为它对人类的影响相当于核武器的毁灭力量。黑死病的病原是鼠疫菌。中世纪时，许多城市鼠多成灾。黑死病在欧洲泛滥的原因除了卫生状况差之外，在很大程度上还因为鼠类的天敌——猫在中世纪遭到了不公正的待遇。当时，教会无中生有地对猫横加指责，人们在教会的蛊惑下，对之大肆杀戮。猫遭受了灾难，导致了鼠害泛滥，终于在 1348 年~1351 年爆发了一场可怕的鼠疫灾难。

1348 年开始，一场大瘟疫开始肆虐整个欧洲，它首先发难于地中海沿岸，后在 1348 年~1351 年间陆续蔓延在欧洲各国。1348 年底，黑死病传播到了德国和奥地利的腹地，瘟神走到哪里，哪里就有成千上万的人被黑死病吞噬。

↓引起黑死病的病菌是由藏在黑鼠皮毛内的跳蚤携带来的。

在英国，由于黑死病的蔓延，原定召开的国会会议无限期推迟。黑死病造成了人力奇缺，为了对付黑死病带来的慌乱，英国国王爱德华还制定了英国著名的劳工法案。由于这项法案是强迫人们劳动而不增加工资，所以造成了英国历史上最重要的一次瓦特·泰勒农民大起义，致使英国国内动荡不安。

当时，爱尔兰修道士克莱因在编年史手稿中写道：“瘟疫横扫一切乡村和城镇，到处荒无人烟。无论谁接触了病人或死人，自己也会立即被传染而死亡。忏悔者和听忏悔的神父被埋入同一座墓穴……我自己正在等死，不得不从简记录……”克莱因的手稿到此中断。

欧洲其他地方的情况也大致相同。6个月内，意大利佛罗伦萨的居民死掉了一半以上。法国马赛有5.6万人死于黑死病的传染；在佩皮尼昂，全城仅有的八名医生只有一名从黑死病的魔掌中幸存下来；甚至历史上著名的英法百年战争也曾由于爆发了黑死病而被迫暂时停顿下来。

在整个14世纪里，黑死病在欧洲各地造成了巨大的灾难。一般说来，城镇中的死亡率要高于农村，在许多人口密度较大的城市中，死亡率超过50%以上。据估计，在14世纪的100年中，黑死病在欧洲共夺去了2400多万欧洲人的生命，约占当时全欧洲人口的1/4。

在15世纪~16世纪，欧洲虽然没有再发生波及全欧洲的黑死病，但几乎每10年就发生一次地区性的黑死病流行病。17世纪，黑死病再次横扫欧洲，法国里昂等地有一半的居民被夺去了生命。仅在1630年和1631年，意大利北方死于黑死病的人就有100万；维也纳和布拉格在1679年也均有10万人死亡。这次黑死病的爆发还波及了欧洲以外的亚洲、非洲和美洲，直到1800年左右才逐渐平息。

在20世纪80年代的10年中，黑死病仍然存在，死亡率高达11.5%。目前世界上的黑死病疫情仍相当活跃，我们对此决不能轻视。

学海拾贝

黑死病是由鼠疫杆菌引起的烈性传染病。一般先流行于老鼠、兔子、旱獭等啮齿动物，通常以跳蚤为媒介传染给人类。黑死病传染性强，死亡率高，给人造成极大的危害。

黑死病时期，传教士用藤条鞭笞自己，希望通过这种方式向上帝赎罪来阻止瘟疫。

致命性的瘟疫 黄热病

黄热病是一种由黄热病毒引起的急性传染病。20 世纪初，这种严重的传染病使成千上万的人丧生。最终让黄热病停止肆虐的是美国医生沃尔特·里德，他经过艰苦卓绝的研究，最终控制了这场可怕的瘟疫。

当 20 世纪的钟声刚刚敲响，一种可怕的疾病就疯狂地侵入整个古巴。成千上万的人死于非命，古巴上空笼罩着因黄热病而引起的死亡阴影。当时，美国派出的驻军也正在古巴。

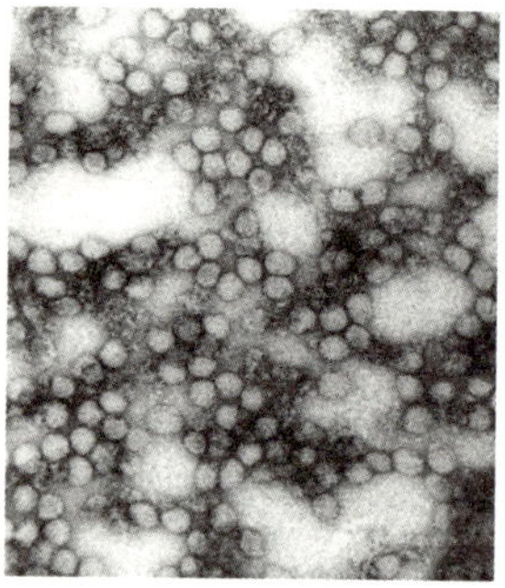

黄热病病毒

瘟疫刚传播时，美军将士颇不以为然，直到一些美国士兵也染上了这种病，一批又一批被夺去生命时，他们才重视起来。美国驻军和古巴人都采取了种种对策，但收效甚微。濒临绝望的美国驻军被迫向美国陆军总部告急，请求援助。于是，美国陆军总部立刻成立黄热病委员会，由沃尔特·里德和另外 3 名医生组成，专程前往古巴研究对策。

当时正值亚热带炎热盛夏，里德一行人在发病的高峰时期赶到。他们不顾旅途劳顿和酷暑，立刻投入到了紧张的工作当中。他们首先和古巴医生合作，调查并了解有关黄热病的症状、发病范围和已经采取过的措施等。在工作的开始阶段，他们的研究工作并没有取得实质性的进展。

一天，里德正在焦急地思考接下来的工作如何开展时，突然想起一位古巴医生早先提出黄热病是由蚊子传播引起的。当时，并没有人相信这个理论。在走投无路的情况下，里德力排众议，决心对这一理论进行验证。

于是，里德和助手们开始着手进行实验。他们搜集蚊卵，把蚊卵培养孵化成几百只蚊子，并把它们放进医院去咬黄热病人。随后，研究组的一位成员自愿让感染过的蚊子咬自己。果然，他很快就染上了严重的黄热病，但又慢慢地康复了。又有一位志愿者受试，受试情况仍然如此。正当里德为研究工作有所进展而高兴时，拉齐尔博士意外地被蚊子咬了，他染上黄热病后却没能再康复，结果，献出了自己宝贵的生命。这次不幸的意外让里德非常悲痛，但他更坚信自己研究方向的正确性。

埃及伊蚊

为了进一步深入研究，他建起两间隔离室。其中一间让志愿者被感染的蚊子叮咬，另一间让志愿试者一连几天穿着感染黄热病的死者的衣服睡觉，身上还盖着死者用过的毯子。

结果，第一间隔离室里的人都染上了黄热病，而第二间隔离室却没有一个人患病。这证明真正传播黄热病的是蚊子，里德于是立即公布了这一研究成果。

古巴境内掀起了一场前所未有的灭蚊运动。结果一连 3 个月没有再发现一位感染黄热病的患者，这是 200 年来古巴第一次根除了黄热病。很快，其他地方的卫生人员也铲除了蚊子的滋生地，过去几个世纪以来遭受它危害的其他城市和港口，也得以从这种可怕的疾病中解救出来。

里德虽然没有发现黄热病的病因，但却发现了它的带菌者，使黄热病在世界范围内得到控制。如今，在华盛顿，有一所大医院就是以他的名字命名的。

学海拾贝

黄热病是由黄热病病毒引起的急性传染病，埃及伊蚊是主要传播媒介。得黄热病的人常出现黄疸伴发热，故得此名。其主要症状病变在肝、肾、心、胃、肠等内脏。由于肝功能受到损害，凝血因子的合成减少，因此导致上消化道出血、渗血以及皮下出血。

死神的帮凶 天花

在医学技术发达的今天，天花作为一种恶性传染病已经被人类消灭了。历史上，它曾危害人类健康数千年之久，被人们称为“死神的帮凶”。直到1796年，英国的一位名叫詹纳的医生发明了牛痘免疫法，天花才得到了根治。

天花是继黑死病之后世界上传播最广、最为可怕的疾病。我国古代把天花称为“痘”。早在1 000多年前，我们的祖先就掌握了对付天花的土办法——种痘。这种方法是用得了天花的病人身上的干痂研制成功的。含有天花病毒的粉末吹入人体，使之染上轻度天花，这样，人体就对天花产生了免疫力，一般都不会再得这种疾病。然而，种痘的方法并不安全，轻的会留下大块疤痕，重的会导致死亡。

18世纪，英国有一位责任心很强的乡间医生——詹纳，他发誓一定要寻找一种更安全有效的办法根治可怕的天花。

一次，他在养牛场发现了一个奇怪的现象：挤奶姑娘竟没有一个死于天花或变成麻脸的。聪明的詹纳一下联想到中国的种痘法：种过痘的人就不会再得天花。由此推论，挤奶姑娘也许是得了牛天花，却对天花有了免疫力。

↓天花病毒

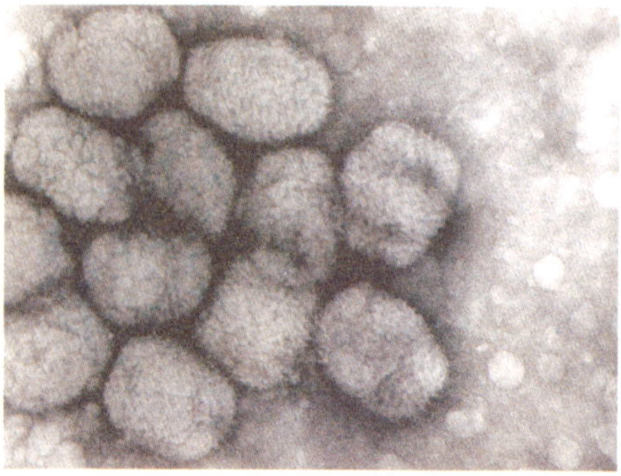

这个发现和大胆的推测使詹纳非常兴奋。为了弄清原因，他每天就在牛棚内观察，他发现，挤奶姑娘确实会染上牛天花。得了牛天花的人，只是出现手指间长水疮、低烧、局部淋巴腺肿大等症状，过不了多久就会痊愈。

在长期的观察之后，詹纳初步断

定：人得了牛天花之后，就不会染上天花。1788 年~1796 年的八年间，詹纳连续进行观察和实验，对人得牛天花后的症状等做了深入研究，并最终得出结论：种牛痘可以预防天花。

1796 年 5 月 21 日，詹纳第一次在人身上种牛痘。接种的是一个 8 岁的男孩约翰·菲普斯。詹纳找到了一个刚感染了牛天花的女孩，从她身上取了一些痘疮的疤浆种在菲普斯的左臂上。前三天，菲普斯感到身体有些不舒服，可后来很快就恢复了正常，只是种牛痘的地方留下一个淡淡的疤痕。

詹纳在取得预防天花的成果后，为当地的儿童接种了牛痘。

接种了牛痘的人是否就肯定不患天花呢？詹纳又在这个男孩身上接种天花，半个月后，男孩安然无恙。此后，菲普斯也没有出现任何病症，这说明种牛痘的方法是有效的，也是完全可行的。

1797 年，詹纳在成功接种牛痘 1 000 多例的基础上，将自己的成果写成论文送到皇家学会。可当时的医学界权威对此抱怀疑态度，甚至连著名哲学家康德也提出不同看法，他担心种牛痘的人会出现牛的粗野特性。然而，科学是不可战胜的。此后，种牛痘法在世界各地传开，天花恶魔终于被人类征服了。

牛痘接种的成功，为免疫学开创了广阔的领域。20 世纪 70 年代，世界卫生组织别出心裁地设立 1 000 美元的悬赏，称此后首先鉴定出一位天花患者的人，就可以获得这笔奖金。可喜的是，这笔奖金至今无人问津，说明天花确确实实已经在人间销声匿迹了。

学海拾贝

公元前 1156 年去世的埃及法老拉美西斯五世的木乃伊上就有被疑为是天花皮疹的迹象。

制伏坏血病 维生素

维生素是维持人体生命活动必需的一类有机物质，也是保持人体健康的重要活性物质。人体中如果缺少维生素的话，就会患各种疾病。而人类对坏血病的征服，是因为发现了一种新的维生素——维生素 C。

1519年，葡萄牙航海家麦哲伦率领远洋船队从南美洲向太平洋进发。几个月后，大部分船员都死于坏血病，但是他们却找不出死亡的原因。今天，我们已经可以解释这些原因了。那是因为几百年前的水手在远洋航行时只吃面饼和咸肉，几乎没有蔬菜和水果的摄入，严重缺乏维生素 C，所以导致了坏血病。

维生素 C 是人体不可缺少的有机物，它具有增强人体免疫力、促进氨基酸中酪氨酸和色氨酸的代谢、促进牙齿和骨骼的生长等功效。正常的成年人每天摄入维生素 C 的含量在 30 毫克左右，而伤员及手术后的病人的需求量要更大。

林德

1747 年，英国的一名海军医生林德根据人们早期对坏血病的叙述记载和通过自己的观察，在停泊于英吉利海峡的装有火炮的具有三桅杆的军舰上，对坏血病的治疗开始进行实验研究。当时，海员们已在船上停留了两个月，其中有 12 个人患了坏血病，病情都比较严重。林德让他们分组进食，比较不同食物的作用，其中两个人每天吃 2 个橘子、1 个柠檬，以 6 天为 1 个疗程。6 天后病人的病状都大为减轻，其中一个人已能放哨值勤。26 天后，两个人都完全恢复了健康。

通过实验，林德比较了不同的治疗方法，并记录了全部观察结果。英国著名的航海家和探险家詹姆斯·库克演示了林德实验的有效性，在他第二次去南极探险并环球航行时，所到之处，都利用各种机会给他的海员提供新鲜水果和蔬菜，并改善生活环境。虽然这次航海历时三年，但无一个人患坏血病，这说明新鲜的水果和蔬菜可预防坏血病。因此，他于1776年被选为英国皇家学会会员，并被授予了“预防坏血病”的奖章。

水果中含有很多的维生素C，尤其是柠檬的维生素C含量非常丰富，可以有效地预防和治疗坏血病。

但是林德却错误地建议把柠檬汁煮开后装瓶，以备长期食用。因为维生素C在加热后被破坏了，反而失去了预防坏血病的功效。所以人们并没有认可林德的发现。

直到1780年，英国军医吉尔伯特·布兰注意到了林德的实验，他建议去加勒比海航行的海军的饮食里加上柠檬。在这个建议生效的前一年，英国1518名舰队的士兵死于坏血病，自从饮食里添加了柠檬后，死于坏血病的士兵减少了一半。布兰确信柠檬是预防和治疗坏血病的有效手段。15年之后，他当上了军队医疗委员会的重要官员。在他的大力推动下，从1795年3月5日起，英国海军所有士兵每天的饮食里都加上了一小杯柠檬汁。

就是这每天一小杯的柠檬汁，使得患坏血病的英国海军士兵大量减少，和欧洲的其他的竞争对手比，这给了英国海军极大的优势，他们的舰队可以航行得更远、更久，英国的海军最终成了无敌的舰队。可以说是柠檬改写了英国的历史，用柠檬武装起来的海军，战斗力得到了极大的加强。

学海拾贝

如今，我们可以很方便地吃到维生素C，这都是科学家罗曼·霍沃思所作的贡献。1933年，他与瑞士科学家卡雷人工合成了维生素C，因此而共同摘取了1937年诺贝尔化学奖的桂冠。

巴斯德的伟大发现 病原菌

经过近百年的奋斗，人们现在已经降伏了引起各种疾病的罪魁祸首——病原菌，并形成了专门的学问——医学微生物学。而第一个完整地揭开微生物奥秘，开创这门学科，并有效地预防疾病的人，就是法国伟大的科学家巴斯德。

病原菌是一种可以引起各种疾病的微生物。我们熟知的黑死病、霍乱、痢疾、破伤风等都是通过不同的病原菌导致的。直到 19 世纪末期，人们才真正看清它们的真面目。

空气中也存在着人和动物的病原菌，并且它能引起各种疾病。1863 年，巴斯德发现，牛奶中含有引起结核和伤寒的微生物，如果牛奶被加热到一定的温度并持续一段时间，其中的微生物就会全被杀死。这个过程被称为“巴氏消毒法”，在今天这种方法仍然被用于牛奶的消毒。

1865 年，欧洲蔓延着一种可怕的蚕病。受法国政府之托，巴斯德来到法国南部研究蚕病问题。通过对蚕病的研究，他终于在蚕病身上找到了一种椭圆形的棕色微粒。经过几百次的观察，巴斯德确定这种椭圆形的细菌导致了蚕病。他采用了一种简单而又准确的检种方法：将产卵后的雌蚕用水磨成糊状，在显微镜下观察，如发现有致病菌，就将雌蚕和卵一起烧掉；如果没有这种细菌，就把卵留下来作为来年的蚕种。由于无病蚕种

↓破伤风梭菌

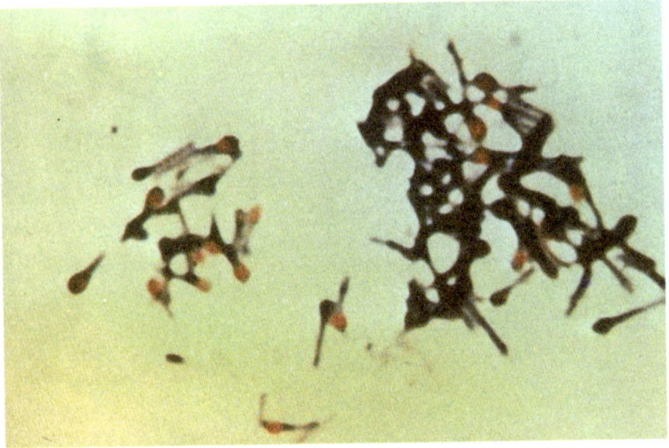

的保留和隔离，终于保证了蚕种的健康生长，挽救了整个濒于毁灭的法国养蚕业。

↑较早的巴氏消毒法

巴斯德于 1877 年又提出细菌学理论，有利地驳斥了争论了几个世纪的自发病源学说。同一时期，他还研究出鸡霍乱、炭疽、猪丹毒的菌苗，奠定了免疫学的基础。

炭疽是一种侵袭牛和其他动物包括人在内的严重传染病。巴斯德证明有一种特殊的细菌是这种病的致病因素。但是远比这更为重要的是他发明一种弱株炭疽杆菌，用它给牛注射，会使这种病轻微发作，而无致命危险，并且还会使牛对此病产生免疫力。巴斯德公开演示证明了他的方法会使牛产生免疫力，此后引起了巨大的轰动。人们很快就认识到他的这种方法可用于许多其他疾病的预防。巴斯德的研究揭开了细菌学的奥秘，在微生物学的发展史上起到了开创性作用。

19 世纪 80 年代，巴斯德成立了一个三人小组，开始研究狂犬疫苗。按照惯例，研究传染病首先要找到致病微生物。巴斯德用尽了过去的各种办法，历经困难和失败，都没有找到它。后来，巴斯德收集了大量的资源，深入研究了对付狂犬病的有效方法。当减毒活性疫苗制成后，他用该疫苗成功地治愈了一名 9 岁的儿童。消息很快轰动了全世界，19 位来自俄国的农民经过巴斯德几个昼夜废寝忘食的抢救后，其中有十多位农民活了下来，这说明巴斯德已征服了狂犬病。

无论当时还是现在，人们都公认巴斯德是历史上最伟大的科学家之一。在生物学方面，除了亚里士多德和达尔文，没有谁可以和巴斯德相提并论，这一点是毫无疑问的。

学海拾贝

在研究狂犬病的过程中，巴斯德还有一个意外的发现。他发现一种比细菌更小，能通过细菌过滤器的微小生命。这种生命后来被叫做病毒，巴斯德也因此成为第一个发现病毒的人。

贝林的贡献 战胜白喉

19世纪末期，白喉在欧洲非常流行，得了白喉的患者往往生命危在旦夕。在那漫长的岁月中，不知有多少人丧生于白喉。德国医学家贝林为了研究治疗白喉的药物付出了辛勤的劳动，最终取得了成功。

贝林生活的那个年代，传染病在全世界人类死亡率中占的比重很大。那时人们对于传染病的预防和治疗也没有什么有效的方法。当时，德国著名的传染病学家罗伯特·科赫开创了细菌学，许多病原微生物不断被发现，他为治疗传染病作出了贡献。科学家们也开始寻找消灭这些病菌的新方法，贝林就是其中最年轻的学者。

过去治疗疾病，包括传染病在内，一般都是吃药。从植物药到化学药，已经是一种进步。当时有一部分化学药能够用注射的方法进入人体，使药物的作用发挥较快。但是用含有抗体的血清注入人体治疗疾病，还是一种创举。贝林就是这类疗法的创始人之一。他用血清治疗的白喉，当时是儿童的常见病、多发病，病死率很高。即使在物质生活水平较高的欧洲也是一种威胁很大的疾病，因为它是通过空气经过呼吸道传播的。1891年又是白喉病流行的一年，白喉像一个恶魔，侵扰着那些天真可爱的儿童。不幸被染上白喉的孩子，几乎没有一个能逃脱性命的。贝林于是下定决心要拯救这些孩子。

↓贝林

贝林在科赫的卫生研究所里工作时，受到日本人北里柴三郎一句启示，明确了一种"以毒攻

毒”的治疗方式。

他先是在豚鼠身上做实验。首先，他向豚鼠体内一一注射白喉棒状杆菌，接着他又给豚鼠注射各种各样有毒的药品，他希望以毒攻毒，把白喉毒素除掉。可是结果很不理想，这些豚鼠不是被白喉毒素毒死，就是被注射的有毒的药品夺去性命。

贝林又将白喉杆菌的培养物用三氯化碘来减弱其毒性，他将这种减弱其毒性的培养物注射给豚鼠，使豚鼠产生免疫力，这种免疫力就存在于豚鼠的血清里。这种血清可以保护受白喉杆菌感染的豚鼠。为了得到足够量的含抗毒素的血清，贝林把白喉毒素注射到牛、羊身上，过一段时间后，从牛、羊身上提取含抗毒素的血清。

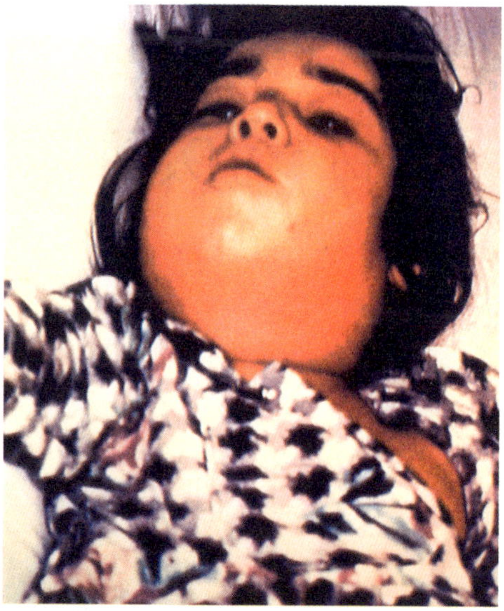

↑白喉导致患者的颈部肿胀，被称为“公牛脖”。

1891 年圣诞节晚上，一位名叫盖斯勒的医生第一次对白喉患者注射了这种血清，结果救活了病人。该疗法很快就得到了广泛的应用，使该病死亡率从 48%降到 13%。以后又继续下降。

1895 年，在德国医药学会年会上，贝林宣读了有关抗毒素的论文。在场的一位前辈指责说：“这篇论文有点道理。不过，有些字眼没听说过。不是故意挖苦，你年纪轻轻，就敢杜撰医药学专门名词？”此话激起人们哄堂大笑，贝林不禁红了脸。在这篇论文里，“抗毒素”这个名词确实是他杜撰的。

不过后来的医学书籍很快就采用了这个新的医学专用名词。正是因为这篇论文，贝林被后人称为“免疫学的奠基人”。为了表彰贝林用血清疗法治疗白喉、破伤风等病症所取得的杰出功绩，斯德哥尔摩卡罗琳医学院向他颁发了首次诺贝尔生理学及医学奖。

学海拾贝

北里柴三郎与贝林一起合作，对白喉和破伤风进行过研究。此后，北里柴三郎将提取的破伤风毒素稀释，逐渐加量反复注入动物体内，这样可使动物获得被动免疫。而免疫动物体内产生的抗毒血清可使未受免疫动物对破伤风杆菌感染产生预防和治疗作用。

遗传基因在"作祟"遗传病

每个人都会继承父母及前几代人的遗传基因，而父母或前几代人的遗传基因有些是健康的，也有些是带疾病的。当父母将带病的遗传基因传给后代后就会导致后代得病，医学上称这类疾病为遗传病。

据统计，凡是人体各器官和组织，无论从皮肤到骨骼，从手指到心脏都可以发生遗传性疾病。目前患遗传性疾病的人占总人口的10%以上，正在威胁着数以千万计人民的健康和生命。

遗传病为代级遗传，即有每代遗传的，也有隔代遗传的，还有一些基因突变的遗传病。

1914年，英国的施鲁斯伯里教堂改建时必须要发掘施鲁斯伯里伯爵一世的尸体。这位伯爵生于1390年，当时正是英法战争时期，两国交兵，如火如荼。施鲁斯伯里伯爵是这场战争中的功臣。

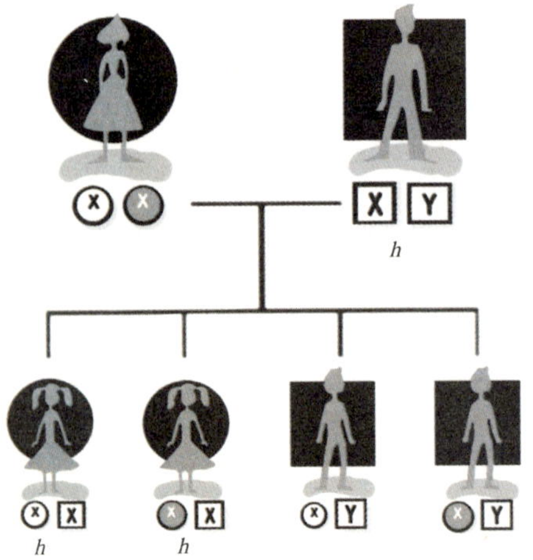

h=血友病基因

无巧不成书，负责这座教堂改建工程的恰好就是施鲁斯伯里伯爵一世的第14代子孙。这位工程负责人的手指患有先天性畸形——指节关节愈合症。他的左右手的第一、二指完全正常，第三指的指关节部分愈合。第四、五指的近端指关节完全愈合，因而后三个手指不能弯曲起来触及手掌，在外观上存在愈合的关节部位较正常关节略微粗大。将他的指骨特征与伯爵第一尸体的指骨对照，发现他们几乎完全一样。更为有趣的是，墓窖里还有一具施鲁斯伯里伯爵的平卧雕像。颇具写实风格的雕刻家栩栩如生地雕琢了施鲁斯伯里伯爵特有的手指外形，两手第三、四、五指的指节关节均比正常指关节稍大。

这表明施鲁斯伯里伯爵所患的指骨关节愈合症经过14代，仍传给了自己的嫡系子孙，显示了明显的家族性遗传。

要不是科学家们的追踪考察，谁都不知道，19世纪尊贵的英国女皇维多利亚竟是一位可怕的血友病基因携带者。

维多利亚女皇一生共计生了四个儿子和五个女儿。长子是个血友病患者，青年时代因练习骑马射箭碰破皮肤流血不止而丧生。她的一个女儿嫁给了雅典皇室，生了一个儿子，其命运和他舅舅一样，因皮肤损伤而夭折。女皇的另一位女儿，嫁给西班牙巴本皇室，结果造成巴本家族中有血友病的流传。女皇的一位孙女与俄国沙皇尼古拉二世结婚，生了一个儿子，也患了严重的血友病。

血友病人的特点是创伤性出血。当患者在运动或劳动时，如不慎碰破皮肤，就会出血不止。走远路、爬楼梯、踢球、跌跤，口、舌、鼻黏膜的轻微擦伤或咬伤，拔牙、扁桃体切除等小手术，都可导致严重的出血。

血友病是伴性遗传病，其特点是男性发病，女性不发病，但女性是同病基因携带者，把致病基因传给子女，使她的儿子发病，女儿则成为又一代致病基因携带者。维多利亚女皇一世是血友病基因的携带者，也是引起血友病在皇家家族内流传的肇端者。

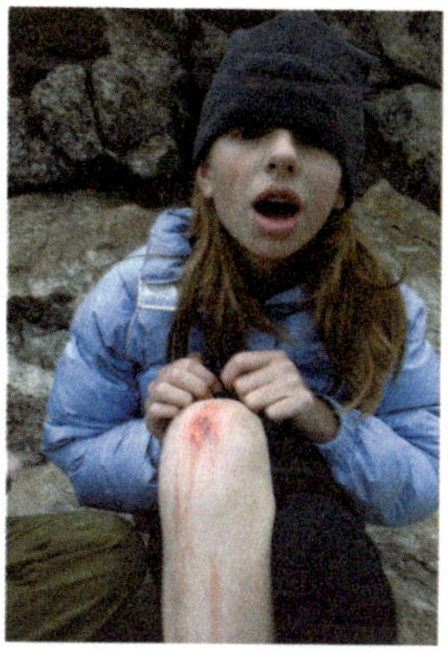

↑血友病的最大病理特征就是当身体的表面受到创伤后，会血流不止。

学海拾贝

当人类遗传物质基因发生突变时引起的遗传病，称为基因病。它包括连续几代相传的单基因显性遗传病，散发或隔代遗传的单基因隐性遗传病，与性别有关的性连锁显性或隐性遗传病。这类疾病目前还无法准确统计其病症，不过可以肯定地说，有相当多的疾病都属于此种遗传病。

遗传病的“罪魁”染色体变异

染色体是遗传物质DNA的载体，在数量和结构上的改变会影响DNA的形状表现，这种现象被称为染色体变异，也叫做染色体畸变。人类的一些疾病就是由于染色体异常而引起的。

曾在某个城区发现了一个用衣服裹好的弃婴。这个弃婴的身上没有留下任何能查明身份的东西。在人们的纷纷议论声中，有人抱起弃婴一看：白皮肤、黄头发、浅蓝眼，还是个男孩，于是，人们认定他是个混血儿。

然而当一个有心收养这个孩子的女人把他抱到医院检查后，医生的结论是，这是个典型的白化病患者。

白化病是黑色素代谢受障碍导致皮肤、头发和眼睛黑色素减少或缺失为特征的遗传病。它在生物界是一种普遍存在的染色体变异疾病。广义的白化病包括全身性白化病和局部性白化病。这种病人怕见光，视力容易模糊，在阳光的照射下，他们的皮肤容易灼痛，久而久之，也容易发生皮肤癌。

染色体具有一定的形态和结构。

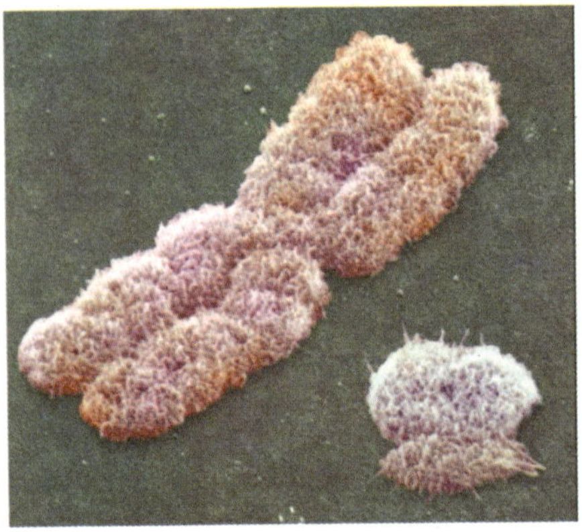

染色体变异所导致的遗传病还有唐氏综合征。1866年，英国医生约翰·朗顿·唐在一次医学学会上首次提出了这一病症。1959年，法国遗传学家杰罗姆·勒琼发现该病是由人体的第21对染色体的三体变异造成的现象。这也是人类首次发现染色体缺陷造成的疾病。1965年，世界卫生组织将这一病症正式定名为“唐氏综合征”。它包含一系列的遗传病，其中最具代表性的是第 21 对染色体的三体现象，也就是人体中多了一条第 21 号染色体。这种病症会导致学习障碍、智能障碍和残疾等高度畸形。

染色体的缺失会引起一种被称为“猫叫综合征”的病症。1963 年，法国科学家最先报道了这一病症。一位名叫玛丽的 27 岁妇女生下了一个婴儿，在孩子还没有满月的一天，有一位工人来给她家修理下水管道。工人在工作之际，听到了一声声的猫叫声，于是就询问玛丽家里是否养了一只小猫。玛丽很生气，没有回答他。但几天后，玛丽注意到自己没满月的孩子的哭声果然尖细得像猫叫声。她忙把孩子送到医院检查，结果发现孩子原来是由于第 5 号染色体发生变异而引起了这种奇怪的疾病。除了哭声像猫叫外，这种病症的婴儿面部还有奇异的机警表情，眼间距大，耳朵位置偏低，智力低下等。

了解这些染色体变异所引起的遗传病和其发病机理，可以使我们减少遗传病的发生，提高我们的身体素质。同时，当我们遇到这些不幸患病的人们，应该更好地关注他们、爱护他们，而不会以异样的眼光看待他们。这样，我们才能共同构建出一个和谐美好的社会。

学海拾贝

到目前为止，大部分的遗传病都还不能进行有效地治疗。这些患者一旦出生就要痛苦终生，同时也给其家人造成心理上和经济上的负担。根据遗传病多具有先天性、终生性和遗传性的特点，要避免近亲结婚，进行产前诊断等方法来预防遗传病的发生。

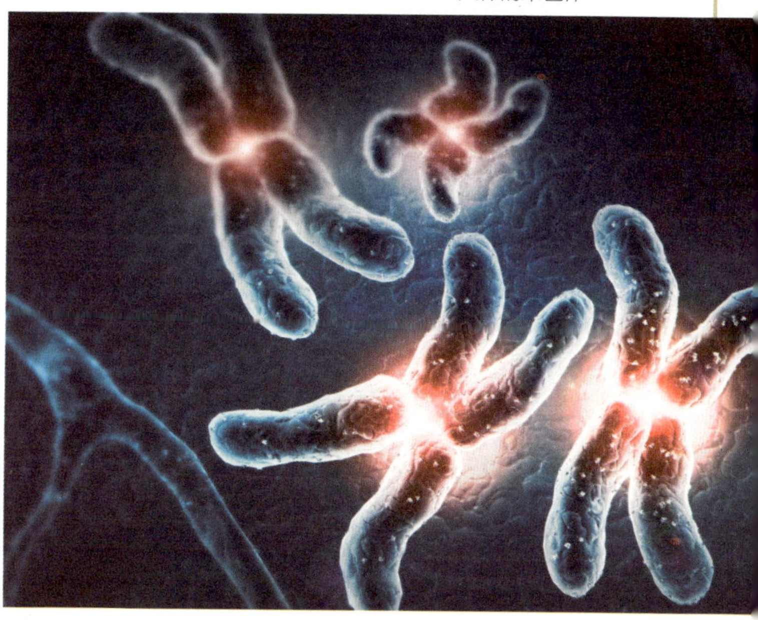
人体的染色体

难以摆脱的死神 艾滋病

艾滋病被称为“20世纪的瘟疫”，世界医学界至今没有什么有效的防治药物和疗法，因此，艾滋病又名“世纪杀手”。自从人类首次发现艾滋病以来，全世界每年都有许多人被这种病毒夺去了生命。

自从1981年人类首次发现艾滋病这种可怕的病毒以来，全世界每年都有很多人被这个恐怖的病魔夺去生命。艾滋病，这个杀人不眨眼的恶魔，从它的诞生到传播一直到防治，都是人类至今难以解开的难题。

长期以来，科学家们一直怀疑非洲黑猩猩与艾滋病病毒——HIV 有某种联系，但是他们并没有找到足够的证据来证明自己的结论。1999年2月，美国亚拉巴马大学的一个研究小组声称，他们找到了黑猩猩传播 HIV 的证据。

↑艾滋病患者

一切都来自于一只名叫玛丽琳的雌性猩猩。它在1984年因产后并发症死亡。它的器官组织被放在一个实验室作为标本冷冻保存起来，并用于科学研究。多年以后，这个实验室的工作人员在清理冷冻室时把玛丽琳的剩余器官组织送给了亚拉巴马大学的研究小组。随后研究人员利用各种最先进的技术对标本进行了分析，其中有许多检测项目在玛丽琳死亡的时候还没有条件进行。分析结果使研究人员大喜过望，他们在玛丽琳体内发现的病毒基因与 HIV 的基因十分类似。

亚拉巴马大学的研究小组公布他们的发现之后，法国巴斯德研究所的科研人员也宣布他们发现了被猿类免疫缺陷病毒（SIV）感染的黑猩猩，SIV 与 HIV 极为相似，也是一种病毒。这些黑猩猩与玛丽琳一样，属于黑猩猩的同一亚种，生活在非洲一带地区。那里被认为是艾滋病的发源地。

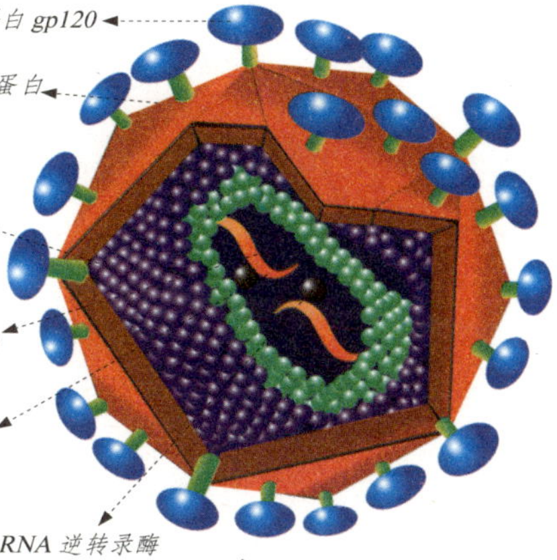

艾滋病病毒结构图

目前治疗艾滋病的方法使用最多的是美国华裔医学博士何大一发明的“鸡尾酒疗法”。这种方法是同时使用 3 种~4 种药物，每一种药物针对艾滋病病毒繁殖周期中的不同环节，从而达到抑制或杀灭艾滋病病毒、治愈艾滋病的目的；但是人们很快发现，鸡尾酒疗法的疗效并不是很好，病人必须长期服药，且不能得到根治。长期服药会造成脂质营养不良、背腹部脂肪异常堆积、血脂浓度异常升高等毒副作用，其中最严重的是肝功能衰竭和糖尿病。另外每年每人约 1.2 万美元的昂贵药价，令绝大多数病人望而止步。

20 世纪 80 年代，日本的医学家发现利用中国传统的中药，可以有效治疗艾滋病。中医的虚实、卫气、肝脾等理论与现代免疫学观点近似，扶正与祛邪两大用药法也与免疫治疗息息相关。除了中草药之外，针灸疗法等也被用来治疗艾滋病。美国的一些医学家利用针灸方法治疗艾滋病患者，几周后发现他们的症状明显缓解，效果也较显著。

艾滋病是人类共同的敌人，我们需要动用全人类的力量和智慧来与它抗衡。人类与艾滋病的这场战争已经持续了几十年，还将继续下去。相信我们团结一致，最终定能取得最终的胜利。

学海拾贝

德国的科学家经过研究发现，艾滋病最初由猴子传到人身上是由一种名叫厩螯蝇的昆虫引起的。这种飞蝇先是叮咬了患艾滋病的猴子，然后又叮咬了人，从而使人感染上艾滋病病毒。

附录 大事年表

Dashi Nianbiao

1578年	李时珍的巨著《本草纲目》撰写完成。
1628年	哈维发表了《动物心血运动的解剖研究》。
1788年~1796年	詹纳得出了种牛痘可以预防天花的结论。
1825年	曼特尔报道了关于禽龙化石的发现。
1838年~1839年	施莱登和施旺各自发表了对于植物细胞和动物细胞基本认识的专著。
1850年	德国生物学家首次发现了线粒体。
1856年	孟德尔开始从事豌豆杂交试验，希望借此探索生物的遗传规律。
1859年11月	达尔文的生物进化巨著《物种起源》正式出版。
1868年	米歇尔找到了记录遗传信息的“无字天书”——核酸。
1883年	鲁克斯观察到细胞核内能被染色的丝状体。1888年，德弗里斯称这种丝状体为“染色体”，并猜测染色体与遗传有关。
1893年	科塞尔和他的合作者瑙曼分离出了胸腺嘧啶。
1895年	贝林宣读了有关抗毒素的论文。
1898年	人们对线粒体进行了命名。
1901年~1903年	德弗里斯撰写出版了《突变论》。
1902年	博韦里和萨顿指出，染色体在细胞分裂中的行为与孟德尔的遗传因子平行，由此提出染色体很可能是遗传因子的载体的观点。

1923 年	因为发现“胰岛素”，班廷和麦克劳德荣获诺贝尔生理学及医学奖。
1924 年	德国细胞学家福尔根发现了核糖核酸和脱氧核糖核酸。
1927 年	埃尔顿首先使用了“食物链”这个名称。
1928 年	弗莱明在一次实验中意外发现了青霉菌。
1949 年	托德在研究核苷酸及核苷酸辅酶的过程中，人工合成了核苷的衍生物三磷酸腺苷。
1956 年	奥乔亚从大肠杆菌中分离并提纯了 DNA 聚合酶。
1961 年	斯洛博金提出食物链最多不超过 7 个营养级。
1965 年	埃德尔曼和波特先后查明了免疫球蛋白 G 轻链的氨基酸结构。
1973 年	袁隆平研制出了杂交水稻。
1978 年	环孢素 A 问世。
1997 年 2 月 23 日	世界上第一只克隆动物——绵羊“多莉”诞生。

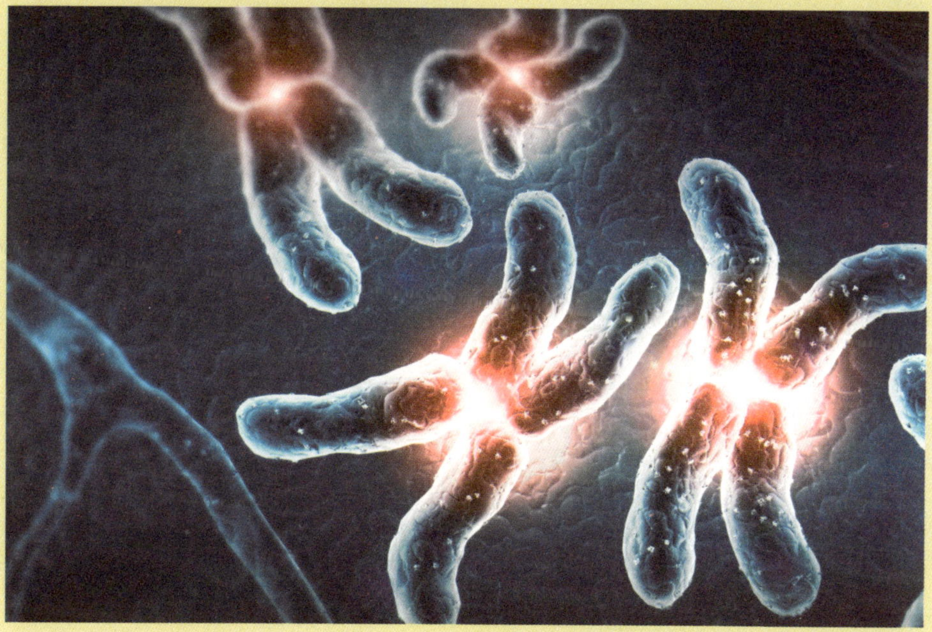

课里课外新阅读

极具魅力的 *Shengwu Gushi*

生物故事